AF266250

C N & S

A. Hollard

La Théorie des Ions
& l'Electrolyse

Bibliothèque
de la Revue générale des Sciences

BIBLIOTHÈQUE
DE LA REVUE GÉNÉRALE DES SCIENCES

LA
THÉORIE DES IONS
ET
L'ÉLECTROLYSE

LA
THÉORIE DES IONS
ET
L'ÉLECTROLYSE

LA
THÉORIE DES IONS
ET
L'ÉLECTROLYSE

PAR

AUGUSTE HOLLARD

Chef du Laboratoire central de la Compagnie française des Métaux.

PARIS

GEORGES CARRÉ ET C. NAUD, ÉDITEURS

3, RUE RACINE, 3

—

1900

LA THÉORIE DES IONS
ET L'ÉLECTROLYSE

INTRODUCTION

L'électrolyse a été, ces dernières années, l'objet d'un grand nombre de travaux, tant au point de vue théorique qu'au point de vue pratique. Ces travaux ont doté l'analyse chimique de méthodes inappréciables pour la séparation et le dosage des éléments. En outre, ils ont enrichi la métallurgie de procédés d'une grande valeur pour la préparation et la séparation des métaux et ont amené la création de nouvelles industries chimiques. Ces applications pratiques, toutes récentes, se développent et se perfectionnent de jour en jour.

Malheureusement, en électrochimie, les recherches purement scientifiques d'une part, et celles qui ont un but uniquement pratique d'autre part, ont été effectuées trop souvent sans contrôles réciproques. Jusqu'ici le praticien a été livré presque exclusivement à ses propres recherches; plus au courant des faits acquis par les savants, il eût évité bien des tâtonnements, qui lui ont coûté beaucoup de temps et beaucoup d'argent.

Aujourd'hui que les travaux scientifiques ont enrichi la science électrochimique d'un nombre considérable de faits nouveaux, on peut grouper tous ces faits, mettre en évidence leurs relations mutuelles; on peut, en un

mot, donner une *théorie* de l'électrochimie, c'est-à-dire
une interprétation générale qui, non seulement puisse
expliquer les faits acquis, mais encore permette d'en
prévoir de nouveaux.

On connaît l'interprétation classique de Grotthus
(1805). Celui-ci partait de ce fait d'expérience que les
constituants d'un « électrolyte » (on appelle ainsi une solution susceptible d'être décomposée par le courant), se
dégagent à la surface des électrodes, et qu'il est impos-
sible de déceler leur présence à l'état libre, dans la
masse même de l'électrolyte; il admettait, en conséquence, que, dans la décomposition d'un sel par le
courant, les molécules se décomposent et se recom-
binent de proche en proche. Sous l'influence du
courant, les molécules commencent par s'orienter
toutes de la même manière, et se disposent en chaînes,
les deux constituants de chaque molécule chargés
d'électricités contraires devant être tournés du côté
des pôles qui doivent les attirer. En second lieu le
courant doit séparer au pôle négatif le constituant
positif de la molécule d'une des extrémités de la
chaîne, et au pôle positif le constituant négatif de la
molécule formant l'autre extrémité de la chaîne. Les
constituants négatifs et positifs des deux molécules
extrêmes, qui ne se sont pas séparés aux pôles sont mis
en mouvement dans des sens opposés et se recombi-
nent avec les éléments chargés d'électricités contraires
des molécules voisines; et ainsi, de proche en proche,
le constituant positif de chaque molécule s'unit au constituant négatif de la molécule immédiatement voisine
et réciproquement, de telle sorte qu'il s'établit de molécule à molécule aussi bien dans un sens que dans
l'autre un double échange de constituants.

Cette interprétation a été l'objet de critiques très

fondées de la part de Clausius dès 1857 (¹). Pour décomposer une molécule, fait remarquer Clausius (pour décomposer en particulier les deux molécules terminant la chaîne de Grotthus), il faudrait vaincre la force attractive qui en réunit les deux parties constitutives. D'après cela, tant que le courant n'aurait pas une intensité suffisante, aucune molécule ne pourrait être décomposée; au contraire, aussitôt que le courant aurait cette intensité, la décomposition des molécules s'effectuerait aussitôt. Or les faits sont en contradiction formelle avec cette théorie. L'expérience démontre, en effet, que les courants les plus faibles passent et, qui plus est, suivent exactement la loi d'Ohm. Clausius en conclut que toute hypothèse d'après laquelle les deux parties constituant une molécule électrolytique sont considérées comme unies par une force attractive quelconque est inadmissible et en contradiction avec la loi d'Ohm.

C'est pourquoi Clausius admit que certaines molécules des électrolytes se trouvent décomposées par suite de leurs chocs réciproques, et que l'électricité emploie ces parties déjà séparées pour se déplacer, sans avoir besoin de provoquer auparavant de décomposition.

D'après Clausius les molécules en solution sont, comme les molécules gazeuses, continuellement animées d'un mouvement rapide et d'autant plus rapide que la température est plus élevée; elles s'entrechoquent, et, dans ces contacts multipliés, elles échangent leurs constituants; il en résulte qu'un constituant donné, considéré à des intervalles de temps où il est libre de toute combinaison, peut servir de véhicule à l'électricité. Le courant a pour effet de donner aux mouvements irréguliers des constituants une direction com

---

(¹) CLAUSIUS, *Pogg. Ann.*, CI, 338 (1857).

mune, c'est-à-dire qu'à l'instant où les constituants se déplacent d'une molécule à une autre, ils reçoivent de la part du courant une impulsion qui a pour effet de les diriger vers les électrodes. Après une série d'échanges de molécule à molécule, échanges dirigés par cette impulsion, les constituants positifs se dégagent à l'électrode négative, et les constituants négatifs, à la suite d'une série d'échanges effectués dans un sens opposé, se dégagent à l'électrode positive.

Clausius n'avait pas indiqué la proportion de molécules qui sont décomposées dans un électrolyte déterminé ; il croyait simplement que le nombre de molécules décomposées n'avait pas besoin d'être très grand. Svante Arrhénius, en 1887, résolut cette question en s'appuyant sur l'analogie remarquable, trouvée par Van't Hoff, entre les lois de la pression des gaz d'une part et les lois de la pression osmotique (c'est-à-dire de la pression des molécules au sein des solutions) d'autre part. Une solution aqueuse qui contient par litre une molécule gramme de sucre, ou d'une autre substance indifférente à l'action du courant a une pression osmotique de 22,35 atmosphères. Si un électrolyte quelconque, une solution aqueuse de chlorure de sodium par exemple, contient surtout des molécules indécomposées, elle doit avoir la même pression osmotique ; l'expérience a montré que cette pression était de 37,8 atmosphères, c'est-à-dire presque double de celle que l'on observe pour le sucre. Il suit de là que, dans la solution de chlorure de sodium, il doit y avoir presque deux fois plus d'éléments qu'on n'en compterait en supposant qu'il n'y ait que des molécules Na Cl dans la solution. On est donc amené à conclure que presque tout le chlorure de sodium est décomposé en ses constituants Na et Cl.

Cette conclusion est d'accord avec le fait que les autres propriétés de la solution de chlorure de sodium ou, en général, des électrolytes présentent des anomalies similaires ; c'est ainsi que les valeurs numériques de l'abaissement du point de congélation et de la diminution de la tension de vapeur des solutions, conduisent à la même conclusion.

D'après Arrhénius la conductibilité des électrolytes doit être en rapport direct avec la proportion des molécules dissociées ; c'est ce que l'expérience vérifie.

Cette conception précise d'Arrhénius sur la dissociation des électrolytes constitue ce qu'on appelle l'*hypothèse des ions*, les *ions* désignant les éléments de la dissociation. Cette hypothèse, comme toute hypothèse, a droit à notre crédit si elle est fructueuse au point de vue des faits qu'elle explique et qu'elle fait prévoir. Envisagée à ce point de vue, il est incontestable qu'elle a permis d'expliquer et de prévoir un nombre considérable de faits, entre lesquels on n'avait su discerner auparavant aucune espèce de relation. Que peut-on demander de plus à une hypothèse ! On ne saurait exiger qu'elle représente la forme définitive et invariable de la vérité. Tout au plus une hypothèse peut-elle être une vue partielle de la vérité à laquelle, comme le dit très justement Dastre, l'esprit humain ne peut atteindre que par des approximations successives. Au surplus, les hypothèses sont généralement provisoires et le plus souvent imparfaites ; leur principale raison d'être c'est leur utilité.

Nous nous proposons, au cours de cet ouvrage, de donner, au moins dans ses grandes lignes, un exposé de l'état actuel de la théorie des ions appliquée à l'électrolyse. Nous aurons surtout en vue, dans cette étude, les *phénomènes électrolytiques au sein des solutions aqueu-*

ses, avec l'emploi de courants continus ; nous insisterons tout particulièrement sur l'électrolyse des sels métalliques.

Les phénomènes que nous allons examiner sont tous des manifestations de l'énergie électrique, au sein des électrolytes ; cette énergie, comme les autres formes de l'énergie, peut être considérée comme un produit de deux facteurs : la *quantité d'électricité* et la *tension électrique* (cette expression sera employée de préférence à celle : « différence de potentiel »). La quantité d'électricité qui est en jeu dans une électrolyse doit être considérée dans ses rapports avec la *conductibilité des électrolytes*.

Nous serons donc amenés, d'après ce qui précède, à étudier la *constitution des électrolytes*, puis leur *conductibilité*, enfin la *tension électrique* et le *travail* nécessaire au fonctionnement de l'électrolyse.

LIVRE PREMIER

CONSTITUTION DES ELECTROLYTES

CHAPITRE PREMIER

Propriétés des solutions

Analogie entre les gaz et les solutions. — Avant d'étudier la théorie de l'électrolyse proprement dite, il est indispensable de connaître quelques-unes des propriétés dont jouissent les corps qui sont en dissolution.

Un corps dissous a beaucoup d'analogie avec un gaz, et ils obéissent l'un et l'autre, comme nous allons le voir, à un grand nombre de lois communes :

1° Tout d'abord, un gaz peut être considéré comme dissous dans le milieu *éther*, ce qui fait qu'entre une dissolution d'un corps quelconque et un gaz, il n'y a qu'une différence de milieu. Les molécules du corps dissous se meuvent au sein du dissolvant, comme les molécules d'un gaz se meuvent dans l'éther qui les environne [1]. Van't Hoff [2] a montré tout le parti que l'on peut tirer de ce rapprochement.

---

[1] Rosenthiel. *C. R.*, t. LXX, p. 617.

[2] Van't Hoff. *Zeitsch. für physik. Chem.*, I, p. 481 (1887); IX, p. 477 (1892).

2° Un gaz exerce sur les parois du récipient qui l'enferme, une certaine pression. Par analogie, un corps dissous doit exercer une certaine pression contre les parois du vase qui contient sa solution. Cette pression est appelée *pression osmotique*. De fait, dans les conditions ordinaires, cette pression est masquée par une pression en sens contraire, la pression qui maintient les molécules liquides en une masse, mobile il est vrai, et les empêche de se répandre dans l'espace environnant [1]. Si on arrivait à supprimer la pression du milieu dissolvant, les molécules dissoutes se répandraient dans un volume plus grand, comme le ferait un gaz, et il faudrait, pour ramener ce nouveau volume au volume primitif, exercer sur lui une pression précisément égale à la pression osmotique.

C'est ce que démontrent les expériences de Pfeffer [2]. Ce physicien introduit une dissolution aqueuse d'un corps soluble, de sucre par exemple, dans un tube de verre fermé à la partie inférieure par une paroi dite « semi-perméable » [3], c'est-à-dire perméable à l'eau, mais imperméable aux molécules du corps dissous, au sucre, dans l'exemple choisi; puis il plonge le tout dans un vase contenant de l'eau pure, et amène les niveaux des deux liquides sur le même plan horizontal. S'il est vrai que les molécules de sucre, contenues dans le tube, cherchent à se répandre librement dans un volume plus grand, comme elles ne peuvent sortir de leur liquide, elles tendront à augmenter le volume de celui-ci; comme d'autre part, il n'est pas expansible,

---

(1) Ph. A. GUYE. *Dissociation électrolytique;* article paru dans le *Dictionnaire de Würtz,* 2ᵉ suppl.

(2) PFEFFER. *Osmotische Untersuchungen,* Leipzig, 1877.

(3) Pfeffer se servait d'une paroi poreuse imprégnée de ferrocyanure de cuivre; d'autres substances jouent un rôle analogue, le papier parchemin par exemple.

l'effort des molécules se traduira par l'appel d'une nouvelle quantité de dissolvant par la paroi inférieure. En conséquence, le liquide du tube s'élèvera, entraînant avec lui l'eau pure du vase extérieur. C'est précisément ce qu'a observé Pfeffer, et la pression mesurée par la hauteur de la colonne liquide dans le tube, au-dessus du niveau extérieur, représente exactement la pression osmotique des molécules de sucre dans leur dissolution; c'est la pression qu'il aurait fallu appliquer au début de l'expérience sur la surface libre de la solution de sucre, si l'on avait voulu l'empêcher de s'élever dans le tube.

3° Les travaux de Pfeffer, de Van't Hoff et de Raoult ont permis d'identifier complètement la pression osmotique à la pression des gaz. *Les molécules d'un corps dissous dans un liquide développent exactement la même pression en atmosphères qu'elles développeraient si on les gazéifiait dans le même espace.* C'est ainsi que la pression osmotique des molécules de sucre, par exemple, est égale à celle qu'on obtiendrait en transformant en vapeur, à la même température et sous le même volume, la quantité de sucre contenue dans la solution considérée, en supposant, bien entendu, que cette vapeur suive les lois de Mariotte et de Gay-Lussac. De même que 32 grammes d'oxygène, 2 grammes d'hydrogène, 28 grammes d'azote, 76 grammes de gaz chlore, ou, d'une façon générale, une molécule-gramme d'un gaz quelconque, occupant le volume d'un litre, exerce à 0° une pression de 22 atm. 35, de même aussi une molécule-gramme d'un corps soluble quelconque, par exemple, 342 grammes de sucre, 260 grammes de glucose [1], exerce, dans un litre de solution, une pression osmotique de 22 atm. 35.

---

[1] Voir les résultats des expériences de M. Naccari (*Journal de physique* (1897), p. 544).

4° Les relations qui ont été établies entre la pression osmotique d'une part et l'abaissement du point de congélation et l'élévation du point d'ébullition des solutions d'autre part, sont remarquables. On a, en effet, démontré que ces abaissements ou ces élévations de température sont directement proportionnels à la pression osmotique des solutions et, par suite, au nombre des molécules qu'elles contiennent. En particulier les solutions contenant le même nombre de molécules présentent les mêmes abaissements et les mêmes élévations.

Lois communes aux gaz et aux solutions. — Les lois des gaz de Mariotte, de Gay-Lussac, d'Avogadro sont applicables aux corps en dissolution, pourvu que l'on remplace la pression du gaz par la pression osmotique. Ces nouvelles lois, appelées *lois osmotiques*, ont été formulées par Van't Hoff.

1° Loi de Mariotte. — *Pour une même masse de molécules dissoutes, la pression osmotique est proportionnelle à la concentration, ou inversement proportionnelle au volume.*

En désignant par $\mathcal{P}$ la pression osmotique et V le volume, on a :

$$\mathcal{P}V = \text{constante.}$$

2° Loi de Gay-Lussac. — *Pour une même masse de molécules dissoutes, la pression osmotique croît proportionnellement à la température absolue.*

Si l'on désigne par T cette température absolue, il résulte des deux lois qui précèdent la relation :

$$\mathcal{P}V = RT$$

R étant une constante ayant la même valeur que la constante des gaz, soit 84.700 pour une molécule-gramme, si le volume est exprimé en centimètres cubes et la pression en grammes par centimètre carré.

3° Loi de Van't Hoff. — *La pression osmotique est indépendante de la nature du dissolvant et du corps dissous.*

4° Loi d'Avogadro. — *Un même volume d'une dissolution quelconque, à la même température et à la même pression osmotique, contient le même nombre de molécules.*

De même que les gaz, au voisinage de leur point de liquéfaction, les solutions concentrées ne suivent pas exactement ces lois.

Dissociation des gaz et dissociation des solutions. — Un certain nombre de corps, une fois réduits à l'état de vapeur ou de gaz, se décomposent, en partie ou en totalité; on dit qu'il y a *dissociation*. Dans ces conditions, une masse déterminée de ces gaz comporte un nombre d'éléments supérieur à celui qui est indiqué par le nombre de leurs molécules ; il en résulte des pressions supérieures à celles qu'indiquent les lois des gaz.

Un grand nombre de solutions, notamment les solutions aqueuses des acides, des bases et des sels, offrent également des pressions osmotiques trop fortes, ainsi que des abaissements dans leurs points de congélation et des élévations dans leurs points d'ébullition qui sont anormaux. C'est ce qui a conduit Arrhénius à supposer que ces corps étaient, au moins en partie, décomposés en éléments au sein de leurs solutions, c'est-à-dire *dissociés*. Fait tout à fait remarquable, ces anomalies se rencontrent exclusivement dans les solutions qui conduisent l'électricité, et l'on sait que les solutions qui conduisent l'électricité sont toutes décomposables par le courant électrique; on les appelle des *électrolytes*.

Ainsi, les solutions constituant des *électrolytes* sont les seules solutions pour lesquelles l'application des lois osmotiques de Van't Hoff indique un état de dissociation. La dissociation des éléments dissous, ne se rencontrant que chez les électrolytes, a été appelée *dissociation électrolytique*.

La dissociation se mesure par le *degré de dissociation*; c'est pour un même volume, le rapport de la masse des molécules dissociées à la masse totale des molécules dissociées et non dissociées, ou ce qui revient au même, c'est pour un même volume le rapport du nombre N des molécules dissociées au nombre N' des molécules primitivement dissoutes :

$$\delta = \frac{N}{N'}.$$

On peut encore définir la degré de dissociation de la façon suivante : c'est le rapport du nombre $\mathfrak{N}$ des éléments dissociés au nombre $\mathfrak{N}'$ des éléments qui seraient dissociés si la dissociation était complète :

$$\delta = \frac{\mathfrak{N}}{\mathfrak{N}'}$$

Si l'on dissout dans un volume donné N molécules d'un corps dissociable, il y aura $N\delta$ molécules dissociées et $N(1-\delta)$ molécules non dissociées. Soit z le nombre d'éléments formés par chaque molécule dissociée, il y en aura en tout $Nz\delta$. Le nombre total des éléments dans le volume considéré sera donc $Nz\delta + N(1-\delta)$.

La pression osmotique sera donc produite, dans le cas des électrolytes, non pas par N particules mais par $Nz\delta + N(1-\delta)$ particules; aussi *faut-il multiplier la pression osmotique, les écarts de congélation et d'ébul-*

lition, calculées dans l'hypothèse de N molécules dissoutes, par le facteur :

$$i = \frac{N(1-\delta)+Nz\delta}{N} = 1+(z-1)\delta.$$

La vérification de cette loi par l'expérience sera traitée plus loin (p. 33).

Dans le cas d'un corps non dissocié : $\delta = 0$ et $i = 1$.

Dans le cas d'un corps dont toutes les molécules sont dissociées en 2 ions : $\delta = 1$, $z = 2$ et $i = 2$.

Dans le cas d'un corps dont toutes les molécules sont dissociées en 3, 4, 5... ions : $i = 3, 4, 5...$

Il faut remarquer que la valeur de i ne change pas seulement avec la concentration, mais encore avec la température.

Dans tout électrolyte, la dissociation croît avec la dilution jusqu'à ce que cette dissociation soit arrivée à être complète.

Prenons, par exemple, une solution aqueuse de chlorure de sodium, pas trop diluée ; elle contient des molécules de chlorure de sodium non dissociées, en même temps que des molécules de chlorure de sodium dissociées en leurs ions, chlore et sodium. Si nous étendons la solution, le nombre des éléments dissociés croîtra ; et, avec une dilution suffisante, nous n'aurons plus que des ions chlore et des ions sodium en solution. A partir de ce moment une nouvelle addition d'eau ne pourra plus provoquer de dissociation.

Les lois de Van't Hoff s'appliquent parfaitement aux électrolytes, à la condition de faire dépendre la pression osmotique, non pas du nombre des molécules dissoutes, mais du nombre *total d'éléments* dissociés et non dissociés. Dans une solution de chlorure de sodium par exemple, suffisamment étendue pour que toutes les molécules Na Cl soient dissociées, la pression osmotique est double de celle que l'on calculerait en supposant que les molécules Na Cl ne sont pas dissociées. L'expérience confirme exactement tous ces points.

Nous indiquons dans le tableau suivant les valeurs du degré de dissociation pour quelques sels à différentes concentrations à la température de 18°[1]. Nous séparons par un point les deux ions du sel.

TABLEAU I

Variation des degrés de dissociation avec la concentration.

NOMBRE d'équivalents par litre.	$Na.Cl$	$H.Cl$	$AzO^3.Ag$	CH^3CO^2K	$\frac{1}{2}SO^4.Cu$
3	0,52	0,42	0,41	—	0,57
1	0,69	0,59	0,63	0,23	0,80
$\frac{1}{10}$	0,85	0,82	0,84	0,40	0,93
$\frac{1}{100}$	0,94	0,94	0,94	0,64	0,98
$\frac{1}{1\,000}$	0,98	0,99	0,98	0,90	0,99

[1] Ces nombres ont été calculés à l'aide des conductibilités électriques.

CHAPITRE II

Les électrolytes, les anions et les cations

Nature des électrolytes. — Les électrolytes sont exclusivement constitués par des solutions de sels, de bases ou d'acides, minéraux ou organiques.

Représentons par R le radical acide d'un sel quelconque, par M son radical métal (en étendant cette dénomination non seulement aux métaux mais aux groupements tels que AzH^4, PH^4, AsH^4 et leurs produits de substitution).

Un sel peut être représenté par $R^m M^n$ (Ex. : $SO^4.K^2$, sulfate de potasse ; $C^2H^3O^2.K$, acétate de potasse).

Un acide peut être représenté par $R^m H^n$ (Ex. : $SO^4.H^2$, acide sulfurique ; $C^2H^3O^2.H$, acide acétique ; $C^2H^2ClO^2.H$, acide chloracétique).

Une base peut être représentée par $M^m(OH)^n$ (Ex. : $K(OH)$ potasse).

Les sels que l'on peut rencontrer dans la pratique de l'électrolyse sont de trois sortes :

1° *Des sels simples*, tels que le sulfate de cuivre, qui sous l'influence du courant, cèdent un *seul* métal, abstraction faite des réactions secondaires.

Ces réactions secondaires, d'ordre purement chimique, sont postérieures à l'électrolyse proprement dite, qui, par opposition, est désignée quelquefois sous le nom de *réaction primaire*. Les éléments, une fois séparés aux électrodes, peuvent ou se décomposer ou agir : soit sur l'électrolyte, soit sur l'électrode, soit les uns sur les autres ; de là trois classes principales de phénomènes secondaires qui peuvent se compliquer encore par leurs combinaisons (nous reviendrons p. 19 sur ces réactions secondaires).

2° *Des sels doubles*, tels que les sulfates doubles qui cèdent à la catode leurs *deux* métaux (toujours abstraction faite des réactions secondaires).

3° *Des sels complexes*, tels que les ferrocyanures [1] $(Fe Cy^6)M^4$, qui contiennent plusieurs métaux dont un seul (M) se rend à la catode, tandis que l'autre (Fe) reste engagé dans un groupe complexe $(Fe Cy^6)$ et va avec lui à l'anode. L'ion complexe se décompose, dans certains cas, à son tour, en métal qui se rend à la catode, et en reste acide qui va à l'anode. Nous faisons abstraction des autres réactions secon daires.

Dans ces trois classes de sel le radical acide se rend à l'anode.

Théorie d'Arrhénius. — Les considérations qui précèdent ont amené Arrhénius à formuler l'hypothèse suivante :

Les électrolytes sont déjà décomposés, avant le passage du courant, en éléments distincts ou *ions*, cette décomposition peut n'être que partielle pour des solutions de concentration moyenne. Lorsqu'un électrolyte est décomposé par le courant, c'est parce que des molécules étaient préalablement séparées en leurs ions. Le courant ne fait que transporter les ions aux électrodes. Les ions qui se portent à l'électrode positive

---

(1) Nous représentons dans cette formule le groupe cyanogène CAz par le symbole Cy.

ou *anode*, sont appelés *anions* (1), les ions qui se portent à l'électrode négative ou *catode*, sont appelés *cations*. Le courant ne sépare pas les ions ; au contraire s'il passe, c'est parce que ces ions étaient primitivement séparés.

Une solution de sulfate de cuivre ($SO^4.Cu$) contient les ions SO^4 et Cu ; une solution d'acide chlorhydrique ($H.Cl$) contient les ions H et Cl ; une solution de soude ($Na\,OH$) contient les ions Na et OH ; une solution de ferrocyanure de potassium ($(FeCy^6)K^4$ contient les ions $FeCy^6$ et K. D'une façon générale, dans les sels et les acides l'anion est constitué par le radical acide, le cation par le métal qui reste ; dans les bases l'anion est constitué par le groupe OH, le cation par le métal qui reste.

D'après Arrhénius, les ions ont des charges de signe contraire aux électrodes vers lesquelles ils se dirigent, c'est ce qui explique pourquoi, en arrivant aux électrodes, ces charges sont neutralisées, c'est-à-dire annulées à chaque instant par les charges électriques de signe contraire qui arrivent continuellement à ces électrodes. Si un électrolyte qui n'est traversé par aucun courant ne peut déceler aucune charge libre, malgré la charge de ses ions, c'est parce que la somme de toutes les charges positives et négatives de ses différents ions est égale à zéro.

La présence d'ions libres en solution, tels que Cu et Cl, par exemple dans une solution de chlorure de cuivre ($Cu\,Cl^2$), choque beaucoup ce qu'on pourrait appeler le

---

(1)   Anions . . . .   ἀνά, en haut ; ἰών, allant
           Anode . . . .   ἀνά,   —   ὁδός, route
           Cations . . . .   κατά, en bas ; ἰών, allant
           Catode . . . .   κατά,   —   ὁδός, route

C'est donc à tort que l'on écrit *cathion* et *cathode* avec un *h*.

sens chimique. Dans une solution de chlorure de cuivre, en effet, on ne perçoit ni l'odeur du chlore, ni les propriétés du cuivre. Cela tient à ce que les éléments en passant à l'état d'ions prennent des propriétés constitutives très différentes ; en effet, contrairement à ce qui se passe pour les éléments, les ions existent dans la solution avec des affinités *libres* et sont chargés d'électricité. Cette explication nous suffit. Pas n'est besoin de risquer cette supposition bien hardie, émise par Nernst, que les *affinités* libres sont *saturées* par des charges électriques [1]. Lorsque les ions, sous l'influence du courant arrivent aux électrodes et y perdent leur charge, les affinités libres des différents ions se saturent réciproquement ; autrement dit, les ions se polymérisent pour devenir molécules. C'est ainsi que l'électrolyse du chlorure de cuivre donne la molécule Cl^2 produit de polymérisation de l'ion Cl ainsi que du cuivre métallique, corps solide polymère de l'ion Cu. On ne peut donc s'attendre à trouver les mêmes propriétés pour un élément à l'état de molécule et à l'état d'ion dans des conditions si différentes. Lorsqu'on électrolyse de l'acide chlorhydrique on recueille les molécules H^2, Cl^2 qui sont les produits de polymérisation des ions Cl et H. De même, lorsqu'on électrolyse l'acide sulfurique, dans certaines conditions, on obtient la molécule $S^2O^8H^2$ (acide persulfurique), produit de polymérisation de l'ion SO^4H (voir p. 129).

Produits séparés aux électrodes. — Les produits qui apparaissent aux électrodes peuvent être de plusieurs sortes :

1° Les ions en arrivant aux électrodes se polymérisent : $2H = H^2$, $2Cl = Cl^2$, $2SO^4H = S^2O^8H^2$, etc. ;

---

[1] Nernst. *Berl. Ber.*, XXX, 1547 (1897).

2° Les ions en arrivant aux électrodes donnent lieu à des produits de décomposition.

EXEMPLE : $2CH^3CO^2 = C^2H^6 + 2CO^2$;
Radical de   éthane.
l'acide acétique.

3° Les ions en arrivant aux électrodes réagissent sur l'eau de la solution.

EXEMPLE : $SO^4 + H^2O = SO^4H^2 + O$;

4° Les ions en arrivant aux électrodes réagissent sur l'électrolyte.

EXEMPLE : $3H + AzO^3H = AzH^3 + 3H^2O$.

Plusieurs de ces réactions peuvent se produire à la fois.

Les réactions 2°, 3°, 4° sont dites quelquefois *secondaires* par opposition à la réaction 1° dite *primaire*. En réalité, d'après ce qui précède, toutes les réactions électrolytiques sont secondaires.

Chaleurs de dissolution et chaleurs d'ionisation. — La séparation d'un composé en ions doit absorber une certaine quantité d'énergie ; celle-ci a été déterminée par le calcul et par l'expérience.

Lorsqu'un sel entre en dissolution dans l'eau, une partie se dissout sans se dissocier, une autre partie se dissout et se dissocie en ions ; la quantité de chaleur dégagée ou absorbée par suite de la dissolution doit donc être la somme de deux quantités de chaleur, l'une relative à la dissolution du sel non décomposé, l'autre relative à la dissociation du sel. Ces quantités de chaleur ont été calculées d'après les principes de la thermodynamique, en fonction de la conductibilité moléculaire et de la température, notamment par Van't Hoff et par Rudolphi [1]. Nous n'aborderons pas ces calculs un peu compliqués ; nous nous contenterons simplement de faire remarquer que ces formules ont été vérifiées par l'expérience et reconnues exactes [2]. Ce qu'il nous importe surtout de connaître c'est la quantité de chaleur absorbée ou dégagée par le passage d'un élément (métal ou métalloïde) à l'état d'ions par sa dissolution dans l'eau ; cette mesure sera l'objet de développements qu'on trouvera plus loin (p. 81 et 114). D'ailleurs une fois les chaleurs d'ionisation de tous les éléments connues (voir tableaux XII et XIII, p. 84 et 85), il sera facile d'avoir les chaleurs d'ionisation d'un sel quelconque ; *la chaleur d'ionisation de ce sel dissocié sera*, en effet, *égale à la somme des chaleurs d'ionisation de ses ions.*

1. Considérons maintenant une base et un acide, par exemple de la soude et de l'acide chlorhydrique, l'un et l'autre complètement dissociés dans leurs solutions aqueuses. Mettons en présence ces solutions, en employant des dilutions suffisantes pour que le sel qui en résultera soit lui aussi complètement dissocié ; nous devrons avoir, d'après la théorie ioniste, la réaction suivante, où les anions sont affectés du signe — et les cations du signe + pour indiquer la nature de leur charge :

$$\overset{+}{Na} + \overset{-}{OH} \quad + \overset{+}{H} + \overset{-}{Cl} \quad = \overset{+}{Na} + \overset{-}{Cl} \quad + H^2O$$

ou d'une façon générale, pour une base et un acide quelconques (pour plus de simplicité nous les supposerons monovalents, mais la réaction peut s'appliquer aussi bien aux acides et bases plurivalents) :

$$\overset{+}{M} + \overset{-}{OH} \quad + \overset{+}{H} + \overset{-}{R} \quad = \overset{+}{M} + \overset{-}{R} \quad + H^2O.$$

---

[1] Rudolphi. *Zeitsch. f. phys. chem.*, XVII, 277 (1895).

[2] La formule qu'a indiquée Rudolphi n'a été vérifiée que pour des sels peu solubles dans l'eau.

En d'autres termes, nous devrons avoir un simple mélange des ions $\overset{+}{M}$ et $\overset{-}{R}$ restés libre après comme avant; et le dégagement de chaleur observé ne doit être autre que celui qui correspond à la formation de l'eau [1], réaction qui dégage à 25° et par molécule-gramme les 13 680 calories-grammes-degrés.

$$\overset{+}{H} + \overset{-}{OH} = H^2O + 13.680 \text{ cal. gr. degrés.}$$

C'est aussi 13 680 calories-grammes-degrés, que l'on a toujours trouvées, ou à très peu près, par molécule-gramme et à 25° en faisant réagir entre eux les acides et bases suffisamment dissociés.

Voici quelques données (Ostwald, *Zeit. physik. Chem.*, III, 588) qui montrent que tel est bien le cas :

TABLEAU II

Chaleurs de neutralisation des acides et des bases dissociés.

ACIDES	BASES	CHALEUR de neutralisation.
		cal. — kg. — degrés.
Acide chlorhydrique .	Soude.	13,7
— bromhydrique .	—	13,7
— iodhydrique . .	—	13,7
— azotique	—	13,7
— chlorique . . .	—	13,8
— bromique . . .	—	13,8
— iodique	—	13,8
— perchlorique . .	—	14,1
— chloroplatinique.	—	$27,2 = 2 \times 13,6$

[1] Nous supposons que l'eau n'est pas dissociée, ce qui est pratiquement vrai; en réalité l'eau est très légèrement dissociée en ions $\overset{+}{H}$ et $\overset{-}{OH}$. D'après les calculs d'Ostwald, dans 1 litre d'eau 1×10^{-7} molécule-grammes seulement sont décomposées en ions $\overset{+}{H}$ et $\overset{-}{OH}$. D'après Nernst et Glaser (voir p. 127) l'eau serait également dissociée en ions H et O mais dans une proportion encore plus petite que la précédente.

ACIDES	BASES	CHALEUR de neutralisation.
		cal. — kg. — degrés.
Acide hyposulfurique .	Soude.	$27,1 = 2 \times 13,55$
— chlorhydrique .	Lithine.	$13,7$
— — .	Potasse.	$13,7$
— — .	Baryte.	$27,8 = 2 \times 13,9$
— — .	Strontiane.	$27,6 = 2 \times 13,8$
— — .	Chaux.	$27,9 = 2 \times 13,95$
— chlorique . . .	Baryte.	$28,1 = 2 \times 14,05$
— hyposulfurique .	—	$27,8 = 2 \times 13,9$
— éthylsulfurique .	—	$27,6 = 2 \times 13,8$
— chlorhydrique .	Hydrate de tétréthyl-ammonium.	$13,8$
— — .	Hydrate de plato-diamine.	$27,4 = 2 \times 13,7$
— — .	Hydrate de triéthylsulfine.	$13,7$

2. Si l'acide n'est pas dissocié du tout, on a la réaction :

$$\overset{+}{Na} + \overset{-}{OH} \quad + HR \quad = \overset{+}{Na} + \overset{-}{R} \quad + H^2O$$

et la chaleur de réaction W se compose d'une part de celle w_α relative à la séparation de l'acide HR en ses ions, d'autre part de la chaleur de formation de l'eau (13 680 calories-grammes-degrés). On a donc :

$$W = 13.680 + w_\alpha$$

w_α peut être positif ou négatif.

Ce cas se présente pour l'acide acétique en solution normale, que nous pouvons considérer pratiquement comme non dissocié. Si nous mettons en présence d'une solution normale d'acide acétique une solution normale de soude qu'on peut considérer pratiquement comme totalement dissociée, nous aurons les réactions suivantes à 25° :

$$\overset{+}{Na} + \overset{-}{OH} + H.CH^3CO^2 = \overset{+}{Na} + \overset{-}{CH^3CO^2} + H^2O + 13.400$$

d'où

$$13.400 = 13.680 + w'_\alpha.$$

et

$$w'_\alpha = -280.$$

Il y a donc 280 calories-grammes-degrés absorbées par le fait de la dissociation d'une molécule-gramme d'acide acétique en $\overset{-}{CH^3CO^2}$ et $\overset{+}{H}$.

3. Si l'acide est en partie dissocié et si on désigne par δ_α le degré de dissociation de l'acide, on a :

$$\delta_\alpha \overset{+}{H} + \delta_\alpha \overset{-}{R} + (1-\delta_\alpha) HR + \overset{+}{Na} + \overset{-}{OH} = \overset{+}{Na} + \overset{-}{R} + H^2O$$

et

$$W = 13.680 + (1-\delta_\alpha)\, w'_\alpha.$$

4. Si l'acide et la base sont l'un et l'autre en partie dissociés, et si l'on désigne par δ_β le degré de dissociation de la base, on a de même, à $25°$

$$W = 13.680 + (1-\delta_\alpha)\, w'_\alpha + (1-\delta_\beta)\, w'_\beta.$$

5. Enfin, et c'est le cas tout à fait général, si l'acide, la base et le sel sont les uns et les autres en partie dissociés et si δ_σ désigne le degré de dissociation du sel, on a, à $25°$:

$$W = 13.680 + (1-\delta_\alpha)\, w'_\alpha + (1-\delta_\beta)\, w'_\beta + (1-\delta_\sigma)\, w'_\sigma.$$

On voit que lorsque les trois corps en présence sont complètement dissociés, chacun des degrés de dissociation devenant égal à 1, l'équation se réduit à :

$$W = 13.680 \ \text{cal.-gr.-degrés.}$$

C'est le cas que nous avons examiné en premier lieu [1].

---

(1) OSTWALD. *Allgemein. Chem.*, 2ᵉ édit., II, 1, p. 202 et 203.

Remarques : 1° La dissociation n'est pas toujours accompagnée d'absorption de chaleur. L'acide phosphorique, par exemple, se dissocie avec un dégagement de chaleur de 1820 cal.-gr.-degrés par molécule-gramme ;

2° La confirmation indirecte des interprétations qui précèdent a été fournie par des recherches de van Deventer et Reicher [2] qui ont montré que les chaleurs de neutralisation deviennent toutes différentes lorsqu'on opère dans un milieu moins dissociant, par exemple en solution alcoolique [3].

ACIDES	CHALEURS DE NEUTRALISATION avec la soude	
	en solution aqueuse	en solution alcoolique
		cal.-kilog.-degrés.
Acide chlorhydrique . . .	13,7	11,2
— bromhydrique . . .	13,7	12,4
— iodhydrique	13,7	11,2
— acétique.	13,4	7,3

Densités des électrolytes. — D'expériences d'Ostwald (*J. prakt. chem.* (2), XVIII, 328), on peut conclure que le changement de densité qui résulte de la neutralisation d'un acide par différentes bases est indépendant de la nature de la base et de l'acide, surtout si l'on considère les acides forts et les bases fortes en solutions un peu étendues. Exemples :

---

[2] DEVENTER et REICHER. *Zeit. f. phys. chem.*, V, 177 et VIII, 536.

[3] Wiedmann a cherché à interpréter ces faits sans faire intervenir la théorie de la dissociation électrolytique (*Sitzungsber. der physik. medizin. Societät Erlangen*, 1891). Voir la réponse d'Arrhénius (*Zeit. f. phys. Chem.*, VIII, 419).

ACIDES	AUGMENTATION DE VOLUME par neutralisation.	
	avec KOH	avec NaOH
	cm³	cm³
Acide nitrique	20,1	19,8
— chlorhydrique	19,5	19,2
— bromhydrique	19,6	19,3
— iodhydrique	19,8	19,6

Au point de vue de la théorie de la dissociation électrolytique, ce résultat est compréhensible ; ainsi qu'on l'a vu plus haut, la neutralisation a seulement pour résultat la formation d'une certaine quantité d'eau aux dépens des ions $\overset{+}{H}$ et $\overline{OH}$, et quelle que soit la nature de l'acide et de la base, à la condition cependant que ces derniers soient fortement dissociés en ions.

Comme contre-épreuve, on devra naturellement trouver des variations de volume notablement différentes si l'acide ou la base ne sont que peu ou pas dissociés. Tel est le cas de l'acide acétique et de ses dérivés chlorés, qui conduisent en effet à des constantes cryoscopiques normales :

ACIDES	AUGMENTATION DE VOLUME par neutralisation.	
	avec KOH	avec NaOH
	cm³	cm³
Acide acétique	9,5	9,3
— monochloracétique . .	10,9	10,6
— dichloracétique	13,0	12,7
— trichloracétique	17,4	17,1

De ces trois acides, le moins dissocié est l'acide acétique ; le plus dissocié est l'acide trichloré : c'est du moins ce que prouvent les mesures de conductibilité ;

c'est donc bien ce dernier qui doit conduire aux valeurs les plus voisines de celles trouvées plus haut pour les acides minéraux.

On remarquera d'autre part que la nature de la base est à peu près sans influence sur chacun des acides ; c'est qu'en effet la soude caustique et la potasse caustique présentent à peu près le même degré de dissociation, du moins à dilutions égales ([1]).

Non électrolytes. — Les corps qui ne donnent pas d'ions en solution, comme les composés organiques autres que les acides, les bases et les sels ne peuvent constituer en se dissolvant des électrolytes : ils ne conduisent pas le courant. Pour la même raison, les acides sulfurique et nitrique concentrés, l'acide chlorhydrique anhydre liquéfié sont de mauvais conducteurs du courant. L'eau pure peut être considérée pratiquement comme ne contenant pas d'ions ; elle ne conduit pas le courant électrique.

Influence du dissolvant. — La formation des ions dépend autant du dissolvant que de la substance dissoute. Cette propriété du dissolvant de pouvoir provoquer la formation d'ions est appelée le *pouvoir de dissociation*. Le toluène, le chloroforme et d'autres liquides organiques n'ont pas de pouvoir de dissociation ; aussi les substances en dissolution dans ces liquides, quelles qu'elles soient, ne forment pas d'ions, et ces dissolutions ne conduisent pas le courant électrique.

L'eau est un des liquides qui a le plus grand pouvoir de dissociation ([2]).

---

(1) Ph.-A. GUYE. *Loc. cit.*, p. 291.

(2) Le pouvoir dissociant des autres liquides a été étudié notamment par P. Dutoit (voir P. DUTOIT et ASTON, *C. R.*, 125, p. 240 (1897). — P. DUTOIT et FRIDERICH. *Bull. Soc. Chim.* du 20 avril 1898).

LIVRE II

CONDUCTIBILITE DES ÉLECTROLYTES

***

CHAPITRE PREMIER

Généralités.

Généralités. — D'après la théorie d'Arrhénius, les seules solutions qui conduisent le courant sont celles qui contiennent des ions. Comme, d'autre part, on n'a pas trouvé dans les électrolytes aucun indice de l'existence de la conductibilité électrique « métallique », c'est-à-dire indépendante du mouvement des ions, il en résulte que, dans un électrolyte, *les ions seuls sont les véhicules de l'électricité.* Quand un courant traverse l'électrolyte, il transporte les anions à l'anode, les cations à la catode. Les charges positives des cations sont annulées à chaque instant en arrivant à la catode par des charges négatives et égales, et les charges négatives des anions sont annulées à l'anode par des charges positives et égales qui lui arrivent continuellement.

Dans l'électrolyte, le passage du courant est donc lié à un transport de matière.

La conductibilité $c = \dfrac{1}{R}$ est donnée par la loi de

Ohm, en fonction de l'intensité i et de la tension e :

$$c = \frac{i}{e}.$$

La conductibilité est donc proportionnelle, pour un électrolyte donné et pour une tension (ou différence de potentiel) constante ([1]), à l'intensité, c'est-à-dire $\left(\text{puisque } i = \frac{q}{t}\right)$ à la *quantité* d'électricité amenée par les ions à chaque électrode et à l'inverse du temps écoulé pendant le passage de cette quantité. Cette *quantité* est elle-même proportionnelle au *nombre des ions* et à la *charge* de ceux-ci ; et l'inverse du temps, à la *vitesse de translation* de ces ions.

D'après la théorie d'Arrhénius, la *conductibilité d'un électrolyte* est donc proportionnelle, pour une différence de potentiel constante :

1° *Au nombre des ions*, c'est-à-dire *au nombre d'éléments dissociés* dans la solution ;

2° *A la charge des ions* ;

3° *A la vitesse de translation des ions.*

Chacun de ces facteurs fera l'objet d'un chapitre spécial.

---

[1] Nous ne nous occupons pas, pour le moment, de l'influence de la tension ; cette question sera traitée ultérieurement. Pour le moment nous ne nous occupons que d'un seul facteur de l'énergie électrique : la quantité d'électricité.

CHAPITRE II

Conductibilité et degré de dissociation
des électrolytes.

Conductibilité moléculaire. — La conductibilité
d'une solution est, d'après les considérations qui précèdent, proportionnelle au nombre d'ions contenus dans
l'unité de volume (le centimètre cube) de cette solution.
Les molécules non dissociées de cette solution ne participent pas à la conductibilité.

Si donc l'on étend la solution, la diminution de la
concentration provoquera une diminution proportionnelle pour la conductibilité, à condition que le nombre
des ions présents reste le même ; mais, sauf pour les
solutions très étendues, le nombre des ions ne peut rester le même puisque la diminution de la concentration
provoque la formation de nouveaux ions qui proviennent de molécules qui n'étaient pas encore dissociées.

Aussi une diminution de la concentration ne provo-
quera-t-elle pas, en général, une diminution proportionnelle pour la conductibilité ; et inversement, les
augmentations de concentration et de conductibilité ne
sont pas proportionnelles. Pour évaluer l'influence de
la concentration sur la conductibilité spécifique (conductibilité d'un cube de liquide de 1 cm de côté), il
nous faut considérer ce qu'on appelle la *conductibilité
moléculaire*, conductibilité indépendante du volume

occupé par chaque molécule et *ne dépendant que du degré de dissociation*.

Si l'on mesure la conductibilité d'une solution au moyen de deux électrodes parallèles, distantes de 1 centimètre et de surfaces telles que le volume de liquide compris entre les deux électrodes contienne exactement une molécule-gramme, le nombre obtenu est ce qu'on appelle la *conductibilité moléculaire*. Nous la désignerons par la lettre μ_c qui est affectée d'un indice désignant le volume v dans lequel la molécule-gramme est dissoute. On voit qu'elle ne dépend que de la proportion d'ions présents, c'est-à-dire du degré de dissociation.

La conductibilité moléculaire est proportionnelle, d'après la conception d'Arrhénius, au nombre d'ions contenus dans le volume moléculaire v; lorsque toutes les molécules sont dissociées, la conductibilité moléculaire doit avoir atteint son maximum et un nouvel accroissement de la dilution ne doit plus avoir aucun effet sur elle. C'est ce que prouvent les nombreuses expériences de Kohlrausch, d'Ostwald, etc. [enregistrées dans les tableaux qu'ont dressés Kohlrausch et Holborn : voir *Leitvermögen der Elektrolyte* (1898), chez Teubner à Leipzig]. Pratiquement, on obtiendra la conductibilité moléculaire d'une solution en multipliant la conductibilité spécifique γ par le volume v contenant une molécule-gramme en dissolution (volume moléculaire).

En effet, la conductibilité moléculaire μ, telle que nous l'avons définie est $\mu = \gamma \times s$, s étant la surface des électrodes ; or le volume v compris entre les électrodes est égal à $s \times 1$, donc $s = v$ et

$$\mu = \gamma \times v \ (1).$$

____

(1) Ph.-A. Guye. *Loc. cit.*

On a donc pour la conductibilité spécifique :

$$\gamma = \frac{\mu}{v}.$$

c'est-à-dire que la conductibilité spécifique des solutions est exprimée par le quotient de deux grandeurs, l'une dépendant du degré de dissociation, l'autre dépendant du volume occupé par chaque molécule dissoute et représentée par le volume occupé par une molécule-gramme du corps dissous.

REMARQUE I. — Soit p le nombre de molécules-grammes, contenues dans l'unité de volume, le volume occupé par une molécule-gramme est $\frac{1}{p}$; on a donc pour la conductibilité moléculaire μ :

$$\mu = \frac{\gamma}{p}.$$

REMARQUE II. — Kohlrausch ([1]) a trouvé que la conductibilité moléculaire des sels formés de deux ions monovalents est représentée approximativement par la relation suivante, où A est un nombre sensiblement constant pour tous les ions, nombre égal à 213 (si on exprime la conductibilité en cm³. ohm⁻¹), et où m représente le nombre de molécules-grammes par litre de la dissolution :

$$\mu = \mu_\infty - Am^{1/3}.$$

Des tableaux des conductibilités moléculaires d'un très grand nombre de corps organiques et inorganiques déterminées par différents auteurs ont été dressés par Kohlrausch et Holborn (*Leitvermögen der Elektrolyte*

---

(1) KOHLRAUSCH. *Wied. Ann.*, L., 385 (1893).

1898, Teubner à Leipzig). Nous nous contentons d'y renvoyer nos lecteurs et de ne donner que les quelques valeurs consignées dans le tableau III.

Loi d'Ostwald. — D'après la théorie d'Arrhénius la conductibilité moléculaire μ_c est proportionnelle au nombre $\mathfrak{N}$ d'ions contenus dans le volume moléculaire v; on a donc en désignant par $\mathfrak{N}'$ le nombre d'ions contenus dans un volume moléculaire suffisamment grand pour que toutes les molécules soient dissociées, volume que nous pouvons supposer être infiniment grand puisque la conductibilité moléculaire pour des volumes plus grands reste constante :

$$\frac{\mu_v}{\mu_\infty} = \frac{\mathfrak{N}}{\mathfrak{N}'}.$$

Mais $\dfrac{\mathfrak{N}}{\mathfrak{N}'}$ n'est autre que le degré de dissociation δ (voir p. 12); on a donc

$$(1) \qquad \delta = \frac{\mu_v}{\mu_\infty}.$$

Cette formule constitue la *loi d'Ostwald*, qui s'énonce ainsi :

Le degré de dissociation d'une solution est égal au rapport de la conductibilité moléculaire de cette solution, à la conductibilité moléculaire qu'aurait cette solution si on la diluait suffisamment pour dissocier toutes les molécules.

Le degré de dissociation ainsi obtenu coïncide parfaitement avec celui que l'on déduit de l'abaissement du point de congélation. Mais la détermination à l'aide de la conductibilité électrique peut être effectuée avec beaucoup plus d'exactitude, de telle sorte que la loi énoncée donne le moyen le plus important pour la détermination de la valeur δ.

Tableau III

Conductibilités moléculaires des électrolytes à différentes concentrations et à la température de 25° (¹).

Toutes les conductibilités moléculaires de ce tableau ont été établies en fonction de l'ancienne unité de résistance de Siemens (²); il suffira de diviser ces valeurs par 1,063 pour avoir les conductibilités moléculaires exprimées en unités internationales — Les conductibilités μ se rapportent à des dilutions v exprimées en litres.

Sel		Source							μ_∞
	Kr.	Z. ph. Ch. 5. 255.	110,9	112,7	116,0	124,4	119,5		
1/2Ba(NO₃)₂	K.	Wied. 26. 195.	100,3		111,6			121,9	(127,6)
	Kr.	Z. ph. Ch. 5. 254	98,7	106,0	111,9	117,0		123,1	

C. — *Sels à anions bivalents et cations univalents.*

Sel		Source							μ_∞
	K.	Wied. 26. 196.	95,4		107,2		114,5	116,6	
1/2SO₄.Na₂	Kr.	Z. ph. Ch. 5. 254	95,2	102,7	107,3	110,1		113,9	122,7
	O.	Z. ph. Ch. 1. 105.	95,6	102,0	107,2	110,9	115,3	118,1	
1/2SeO₄.Na₂	W.	Z. ph. Ch. 2. 51.	93,5	98,9	103,8	107,2	109,9	112,5	118,8
1/2CrO₄.K₂	W.	Z. ph. Ch. 2. 70.	121,2	127,5	132,2	136,1	138,7	140,7	148,7
1/2MO₄.Na₂	W.	Z. ph. Ch. 1. 546.	94,0	99,2	103,8	107,2	110,2	113,0	119,0

(¹) K = Kohlrausch ; Ki = Kistiakowsky ; Kr = Kramchrals ; L. u. N = Lœb et Nernst ; O = Ostwald ; W = Walden.

(¹) Les valeurs μ_∞ ont été calculées d'après la formule suivante donnée par Ostwald : $\mu_\infty = d + \mu_r$; d étant, pour une température donnée, fonction du volume v ainsi que du produit des valences des ions, est indépendant de la nature du sel considéré. C'est à l'aide de tables contenant les volumes v, les produits des valences des ions et les valeurs de d correspondantes, que Bredig (*Z. ph. ch.* XIII (1894), p. 198, 199, 208-225) a calculé les conductibilités μ_∞ figurant dans les paragraphes A. B. C.

Les valeurs de μ_∞ mises entre parenthèses ne sont pas exactes ; elles correspondent au cas où la formule d'Ostwald ne s'applique pas ; ces cas sont ceux qui sont indiqués à propos de la loi de Kohlrausch dans la remarque II de la page 58.

La formule d'Ostwald ne s'applique pas non plus aux acides et aux bases.

(²) L'unité Siemens est représentée par la résistance d'une colonne de mercure à 0° de 1 mm.² de section et de 100 cm. de longueur, tandis que l'étalon ohm international est représenté par la résistance d'une colonne de mercure à 0° de 1 mm.² de section et de 106,3 cm. de longueur.

TABLEAU III

Conductibilités moléculaires des électrolytes à différentes concentrations et à la température de 25° [1].

Toutes les conductibilités moléculaires de ce tableau ont été établies en fonction de l'ancienne unité de résistance de Siemens [2]; il suffira de diviser ces valeurs par 1,063 pour avoir les conductibilités moléculaires exprimées en unités internationales — Les conductibilités μ, se rapportent à des dilutions v exprimées en litres.

	OBSERVA-TEURS [1]	BIBLIOGRAPHIE	μ_{32}	μ_{64}	μ_{128}	μ_{256}	μ_{512}	μ_{1024}	μ_∞
A. — Sels à anions et cations univalents.									
Li.Cl	O.	Lehrb. II. 753.	97,4	99,9	103,0	105,4	107,5	108,9	110.0
	K.	Wied. 26. 195.	98,8		102,5		105,9	107,0	
Na.Cl	O.	Lehrb. II. 742.	106,6	109,7	112,4	113,9	117,2	118,5	
	W.	Z. ph. Ch. 2. 59.	107,2	110,3	112,6	114,7	116,6	117,6	119,4
	K.	Wied. 26. 195.	107,1		112,4		116,4	117,8	
K.Cl			126.6	130,3	133,0	135,4	136,8	138,1	
	Kr.	Z. ph. Ch. 5. 254.	126,0	128,4	131,4				
	O.	Lehrb. II. 732.	127,3	130,8	133,6	136,7	138,8	139,9	140,8
	K.	Wied. 26. 195.	127,8				136,8	137,8	
Rb.Cl			129,0	132,5	136,0	138,4	139,6	141,1	143,7
Cs.Cl			128,6	132,7	136,1	138,8	140,2	141,8	143.8
Ag.NO₃	K.	Wied. 26. 195.	110,5	115,6	117,3		121,9	123,3	
	L. u. N.	Z. ph. Ch. 2. 962.	109,5	115,1	118,1		121,4	123,1	124,2
Tl.NO₃	Noyes	Z. ph. Ch. 6. 247.	121,0	125,4	129,0	130,9	132:2	133,5	
NH₄.Cl			126,3	129,8	132,8	135,0	136,4	137,9	134,6
	K.	Wied. 26. 195.	127,4	129,8	133,1	134,5	136,8	138,0	140,6
Br.Na	O.	Lehrb. II. 743.	107,9	110,0	113,8	116,5	118,6	119,9	121,7
Br.K	O.	Lehrb. II. 733.	128,7	132,2	136,1	139,0	140,8	141,2	144,0
J.Na	O.	Lehrb. II. 743.	105,7	109,3	112,3	115,2	117,9	119,1	120,4
J.K	O.	Lehrb. II. 734.	128,5	132,1	135,4	138,0	139,6	140,7	143.4
Fl.Na	W.	Z. ph. Ch. 2. 59.	87,0	89,9	92,4	94,6	96,2	97,3	100,0
NO₃.Na	O.	Lehrb. II. 747.	101,5	104,9	107,1	110,2	112,0	112,7	
	K.	Wied. 26. 195.	101,6				109,2	110,2	114,3
	Kr.	Z. ph. Ch. 5. 254.	100,8	104,5	107,6	109,6		111,5	
ClO₃.Na	O.	Lehrb. II. 743.	95,0	98,1	100,5	103,0	104,7	105,3	108,2
BrO₃.K	W.	Z. ph. Ch. 2. 63.	107,0	110,6	113,2	115,2	116,8	118,1	121,1
JO₃.Na	W.	Z. ph. Ch. 2. 63.	74,2	77,1	79,5	81,5	83,1	84,4	87,1
MnO₄.K	W.	Z. ph. Ch. 12. 233.	113,7	117,1	119,9	121,8	122,6	123,7	127,5
H₂PO₄.Na	W.	Z. ph. Ch. 1. 544.	69,8	72,7	75,1	76,9	78,7	80,5	82,7
H₂AsO₄.Na.		Z. ph. Ch. 2. 53.	67,6	70,6	73.2	75,4	77,4	78,6	80,9
Ag(CN)₂.K.	Ki.	Z. ph. Ch. 6. 97					113,4		(117)
CHO₂.Na	O.	Z. ph. Ch. 2. 845.	87,8	90,7	92,6	94,4	96,2	98,1	100,4
C₂H₃O₂.Na.			73,6	77,0	79,5	81,7	83,5	85,7	87,5
	O.	l. c.	75,5	77,6	79,8	81,6	83,5	85,0	
B. — Sels à cations bivalents et anions monovalents.									
½Mg.Cl₂	W.	Z. ph. Ch. 1. 530.	101,2	106.2	110,4	113,7	116,5	119,2	(126)
½Mg(NO₃)₂	W.	Z. ph. 1 Ch. 531.	97,8	103.8	108,2	111,8	114,9	117,5	(124)
½Ba.Cl₂	K.	Wied. 26. 195.	109,1		118,3		125,0	127,1	
	Kr.	Z. ph. Ch. 5. 255.	110,9	112,7	118,6	124,4		128,1	(134,7)
½Ba(NO₃)₂	K.	Wied. 26. 195.	100,3		111,6		119,5	121,9	
	Kr.	Z. ph. Ch. 5. 254	[illegible] 7	106.0	111,9	117,0		123,1	(127,6)
C. — Sels à anions bivalents et cations univalents.									
½SO₄.Na₂	K.	Wied. 26. 196.	95,4		107,2		114,5	116,6	
	Kr.	Z. ph. Ch. 5. 254	95,2	102,7	107,3	110,1		113,9	122,7
	O.	Z. ph. Ch. 1. 105.	95,6	102,0	107,2	110,9	115,3	118,1	
½SeO₄.Na₂	W.	Z. ph. Ch. 2. 51.	93,5	98,9	103,8	107,2	109,9	112,5	118,8
½CrO₄.K₂	W.	Z. ph. Ch. 2. 70.	121,2	127,5	132,2	136,1	138,7	140,7	148,7
½MO₄.Na₂	W.	Z. ph. Ch. 1. 546.	94,0	99,2	103,8	107,2	110,2	113,0	119.0

[1] K = Kohlrausch ; Ki = Kistiakowsky ; Kr = Kramehrals ; L. u. N = Lœb et Nernst ; O = Ostwald ; W = Walden.

[1] Les valeurs μ_∞ ont été calculées d'après la formule suivante donnée par Ostwald : $\mu_\infty = d + \mu_v$; d étant, pour une température donnée, fonction du volume v ainsi que du produit des valences des ions, est indépendant de la nature du sel considéré. C'est à l'aide de tables contenant les volumes v, les produits des valences des ions et les valeurs de d correspondantes, que Bredig (Z. ph. ch. XIII (1894). p. 198, 199, 208-225) a calculé les conductibilités μ_∞ figurant dans les paragraphes A. B. C.

Les valeurs de μ_∞ mises entre parenthèses ne sont pas exactes ; elles correspondent au cas où la formule d'Ostwald ne s'applique pas ; ces cas sont ceux qui sont indiqués à propos de la loi de Kohlrausch dans la remarque II de la page 58.
La formule d'Ostwald ne s'applique pas non plus aux acides et aux bases.

[2] L'unité Siemens est représentée par la résistance d'une colonne de mercure à 0° de 1 mm.² de section et de 100 cm. de longueur, tandis que l'étalon ohm international est représenté par la résistance d'une colonne de mercure à 0° de 1 mm.² de section et de 106,3 cm. de longueur.

Premier corollaire de la loi d'Ostwald. — De la loi d'Ostwald $\delta = \dfrac{\mu_c}{\mu_\infty}$ et de la relation (voir p. 12) : $\delta = \dfrac{N}{N'}$ on déduit :

$$\mu_c = \frac{N}{N'}\,\mu_\infty$$

c'est-à-dire que la conductibilité moléculaire d'un électrolyte quelconque est égale à sa conductibilité moléculaire limite (nombre constant), multipliée par une fraction plus petite que 1 qui exprime le rapport du nombre N des molécules dissociées au nombre N' des molécules primitivement dissoutes.

Deuxième corollaire de la loi d'Ostwald. — Le facteur correctif à apporter à la pression osmotique dans le cas des électrolytes :

$$i = 1 + (z - 1)\,\delta$$

peut s'écrire

$$(2) \qquad i = 1 + (z - 1)\,\frac{\mu_c}{\mu_\infty}.$$

On peut donc déterminer i soit par le rapport de la pression osmotique observée π_0 à la pression osmotique calculée π_c, soit par le rapport de l'abaissement observé t_0 à l'abaissement calculé t_c d'expériences cryoscopiques, soit par des mesures ébullioscopiques, soit enfin par des mesures de conductibilité électrique :

$$i = \frac{\pi_0}{\pi_c}, \quad i = \frac{t_0}{t_c}, \quad i = \frac{e_0}{e_c}, \quad i = 1 + (z - 1)\,\frac{\mu_0}{\mu_\infty}.$$

Le tableau suivant (Van t'Hoff. *Leçons de chimie phy-*

sique, première partie, p. 119) montre la concordance de ces résultats [1].

TABLEAU IV

Valeurs trouvées pour le facteur i par les mesures cryoscopiques, électriques et osmotiques.

1	2	3	4	5
	Nombre d'équival-grammes par litre.	$\dfrac{l_o}{l_c}$	$1 + (z-1)\,\dfrac{\mu_v}{\mu_x}$	$\dfrac{\pi_0}{\pi_c}$
KCl.	0,14	1,82	1,86 (1,85)	1,81
AzH⁴Cl	0,148	1,83	1,89 (1,84)	1,82
LiCl.	0,13	1,94	1,84 (1,79)	1,92
MgSO⁴. . . .	0,38	1,2	1,35 (1,35)	1,25 (1,4)
Ca(AzO³)² . . .	0,18	2,47	2,46	2,48
SrCl²	0,18	2,52	2,51	2,69 (2,4)
MgCl². . . .	0,19	2,63	2,48	2,79 (2,3)
CaCl²	0,184	2,67	2,42	2,78 (2,4)
FeCy⁶K⁴. . . .	0,356	»	3,07	3,09

Dans ce tableau z représente le nombre des ions; par exemple $z = 2$ pour KCl, $z = 3$ pour Ca (AzO³)², $z = 5$ pour Fe Cy⁶ K⁴, etc.

Il faut remarquer que la valeur de *i* ne change pas seulement avec la concentration, mais encore avec la température.

Rôle des ions dans les réactions chimiques. — *Dans les solutions aqueuses, les réactions chimiques sont des réactions d'ions.* Considérons, par exemple, des solutions aqueuses d'acide chlorhydrique (H. Cl) et de chlorures (M. Cl) d'une part, et de l'autre des solutions aqueuses d'acide chlorique (Cl O³. H), de chlorates (Cl O³. M) et d'acide chloracétique (C H² Cl C O². H). Dans les pre-

---

(1) Bibliographie de la colonne 3 : ARRHÉNIUS, JONES, WILDERMANN. *Zeit. f. phys. chem.*, I, 631; XI, 114 et XII, 636; XIX, 242.

Bibliographie de la colonne 4 : KOHLRAUSCH et VAN' T. HOFF, REICHER. *Zeit. f. phys. chem.*, III, 201.

Bibliographie de la colonne 5: DE VRIES, HAMBURGER. *Zeit. f. phys. chem.*, III, 103; II, 425.

mières, le chlore se trouve à l'état d'ion $\overline{Cl}$; dans les autres, il fait partie d'ions complexes $\overline{ClO^3}$ et $\overline{CH^2ClCO^2}$. Les réactions qui révèlent les chlorures, par exemple la précipitation du chlorure d'argent par l'addition de nitrate d'argent, sont les réactions caractéristiques des ions $\overline{Cl}$. Quand le chlore n'est pas à l'état d'ion $\overline{Cl}$ mais qu'il est engagé dans d'autres ions $\overline{ClO^3}$ ou $\overline{CH^2ClCO^2}$ par exemple, ces réactions ne se produisent plus : le nitrate d'argent ne donne plus de précipité de chlorure d'argent. On a affaire à de nouvelles réactions caractéristiques des ions $\overline{ClO^3}$ et $\overline{CH^2ClCO^2}$.

Le soufre dans le sulfate de sodium n'est pas à l'état d'ions et ne donne pas, par conséquent, les réactions qui le caractérisent dans le sulfure de sodium où il est à l'état d'ions.

De même, les combinaisons où le fer entre comme cation ferreux (protochlorure de fer, sulfate ferreux, etc.), ou encore comme anion $(Fe Cy^6)$ (comme dans le ferrocyanure de potassium, $Fe Cy^6 K^4$), présentent autant de séries de réactions.

Les acides sont caractérisés par l'existence d'ions $\overset{+}{H}$; les bases le sont par l'existence d'ions $(\overline{OH})$.

Il n'y a pas, comme on se l'imaginait souvent autrefois, une force spéciale agissant entre les particules réagissantes, mais la propriété d'intervenir dans une réaction chimique appartient seulement aux ions libres, et la puissance de réaction d'une solution donnée est proportionnelle au nombre d'ions libres qu'elle contient, quelle que soit la substance sur laquelle ces ions peuvent réagir. C'est ainsi que dans un acide, plus les ions $\overset{+}{H}$ sont nombreux, plus il est fort ; de même le nombre des ions OH dans une base fait la force de cette base, sa puissance d'affinité pour les acides. Le fait établi par

Hittdorf que la possibilité de réagir et la conductibilité électrique sont toujours des propriétés connexes vient fournir un appui à cette hypothèse. Un autre fait en faveur de cette hypothèse est l'accord numérique que présentent d'une part les valeurs de l'activité chimique des acides (mesurée par exemple à l'aide des vitesses d'inversion du sucre de canne) et d'autre part les valeurs de leur conductibilité électrique[1] ; c'est ce qu'indique le tableau suivant où les résultats sont comparés dans

TABLEAU V

Mesure de l'activité chimique des acides.

ACIDES	Vitesse d'inversion du sucre.	Conductibilité électrique.
Acide chlorhydrique	100	100
— bromhydrique	111	100,1
— nitrique	100	99,6
— éthane-sulfonique	91	79,9
— iséthionique	92	77,8
— benzène-sulfonique	104	74,8
— sulfurique	73,2	65,1
— formique	1,53	1,68
— acétique	0,400	0,424
— monochloracétique	4,84	4,90
— dichloracétique	27,1	25,3
— trichloracétique	75,4	62,3
— glycolique	1,31	1,34
— méthylglycolique	1,82	1,76
— éthylglycolique	1,37	1,30
— diglycolique	2,67	2,58
— lactique	1,07	1,04
— β-oxypropionique	0,80	0,606
— glycérique	1,72	1,57
— pyrotartrique	6,49	5,60
— isobutyrique	0,335	0,311
— oxalique	18,6	19,7
— malonique	3,08	3,10
— succinique	0,55	0,581
— malique	1,27	1,34
— citrique	1,73	1,66
— phosphorique	6,21	7,27
— arsénique	4,81	5,38

---

[1] OSTWALD. *Abrégé de chim. gén.* (1893), p. 415-417.

l'une et l'autre colonne à ceux fournis avec l'acide chlorhydrique auxquels on a affecté arbitrairement la valeur 100 [1].

« On remarquera que la théorie de la dissociation électrolytique oblige à modifier les idées reçues sur les mélanges de solutions salines. Ainsi on admet généralement qu'en mélangeant des solutions de chlorure de potassium et de nitrate de sodium, on obtient une solution contenant les quatre sels $NaCl$, KCl, AzO^3Na, AzO^3K. D'après les idées d'Arrhénius, une solution suffisamment étendue ne contiendra plus aucun de ces sels, mais seulement les ions $\overset{+}{K}$, $\overset{+}{Na}$, $\overset{-}{Cl}$ et $\overline{AzO^3}$.

On sait cependant depuis longtemps qu'en traitant par un acide « fort » un sel d'un acide « faible », ce dernier est déplacé par l'acide fort : par exemple, l'acide chlorhydrique déplace l'acide acétique de l'acétate de sodium. Voici comment ces faits s'expliquent lorsqu'on se place au point de vue de la dissociation électrolytique :

Les acides que l'on appelle généralement acides « forts » sont presque totalement dissociés en solution aqueuse, ainsi que cela résulte de mesures cryoscopiques ou de conductibilité électrique. Les acides dits acides « faibles » sont au contraire fort peu dissociés en solution aqueuse ; ainsi l'acide acétique donne dans l'eau un abaissement cryoscopique presque normal ; d'autre part, les sels, comme l'acétate de sodium, sont fortement dissociés dans l'eau. De là résulte que, lorsqu'on ajoute une solution d'acide chlorhydrique (contenant surtout les ions $\overset{-}{Cl}$ et $\overset{+}{H}$) à une solution d'acétate

---

[1] OSTWALD. *Loc. cit.*, p. 416.

de sodium (contenant les ions $\overline{CH^3}$, $\overline{COO}$ et $\overset{+}{Na}$), les ions $\overline{CH^3COO}$ vont se trouver en présence des ions $\overset{+}{H}$ et se réunir pour régénérer de l'acide acétique, assez stable, avons-nous vu, en solution, ainsi que l'exprime l'équation

$$\overset{+}{H} + \overline{Cl} \quad + \quad \overline{CH^3.CO^2} + \overset{+}{Na}$$

$$= \overset{+}{Na} + \overline{Cl} \quad + \quad CH^3.CO^2H.$$

Si l'on ajoute au contraire au sel d'un acide fort un autre acide fort, il n'y aura pas de réactions, les corps qui pourraient se former par double décomposition étant eux-mêmes dissociés en leurs ions ([1]). »

Il nous reste à mesurer quantitativement l'activité des réactions chimiques que nous n'avons fait qu'interpréter qualitativement jusqu'ici. C'est ce que nous pourrons faire à l'aide de la *constante de dissociation* dont nous allons parler maintenant.

Constante de dissociation. — La loi d'Ostwald a conduit ce physicien à appliquer à la dissociation électrolytique la loi de Guldberg et Waage sur l'influence des masses. Cette loi, appliquée à un gaz ou à une vapeur dissociée en deux éléments, s'énonce ainsi :

$$\frac{q_1 q_2}{q} = c^{te}.$$

Le rapport du produit des masses de ces éléments à la masse de la partie non dissociée est égal à une constante pour une même température ([2]).

---

[1] Ph.-A. Guye. *Loc. cit.*

[2] Comme, d'autre part, les pressions des éléments dissociés sont proportionnelles au nombre de molécules contenues dans un volume déterminé, on a, en appelant p_1 et p_2 les pressions des éléments dissociés et p la pression de fluide non dissocié :

$$\frac{p_1 p_2}{p} = c^{te}, \text{ à une même température.}$$

La loi de Guldberg et Waage s'applique aux solutions d'éléments *binaires* (c'est-à-dire dissociables en deux ions) [1].

Soit, pour un volume V quelconque de la dissolution, N' le nombre de molécules-grammes d'un élément *binaire* dont N molécules-grammes sont dissociées, soient d'autre part m_1 et m_2 les masses des molécules-grammes des parties dissociées. La loi de Guldberg et Waage appliquée à l'unité de volume de la solution se traduit par la formule :

$$\frac{\dfrac{1}{2}\dfrac{N}{V}m_1 \times \dfrac{1}{2}\dfrac{N}{V}m_2}{\left(\dfrac{N'}{V}-\dfrac{N}{V}\right)(m_1+m_2)} = k = c^{te},$$

ce qu'on peut écrire :

$$\frac{N^2}{4V(N'-N)} \times \frac{m_1 \times m_2}{m_1+m_2} = k.$$

En substituant dans cette égalité à N sa valeur $N'\delta$, δ étant le degré de dissociation, il vient :

$$\frac{N'}{V} \cdot \frac{\delta^2}{1-\delta} \times \frac{1}{4}\frac{m_1 m_2}{m_1+m_2} = k.$$

Si, au lieu de considérer un volume V quelconque, nous considérons le volume moléculaire v, c'est-à-dire le volume occupé par une molécule-gramme, N' devient égal à 1 et l'on a :

$$\frac{1}{v} \cdot \frac{\delta^2}{1-\delta} \times \frac{1}{4}\frac{m_1 m_2}{m_1+m_2} = k;$$

---

(1) Comme précédemment (page 38, note), on a donc pour les pressions osmotiques :

$$\frac{\pi_1 \pi_2}{\pi} = c^{te} \text{ à une même température.}$$

mais $\dfrac{1}{4} \cdot \dfrac{m_1 m_2}{m_1 + m_2}$ est constant pour un même corps, on a donc :

$$(3) \qquad \frac{\delta^2}{v(1 - \delta)} = K = c^{te}.$$

Cette formule peut encore s'écrire en remplaçant δ par $\dfrac{\mu_v}{\mu_\infty}$ (loi d'Ostwald).

$$(3\ bis) \qquad \frac{\mu_c^2}{v\mu_\infty (\mu_\infty - \mu_c)} = K.$$

Cette expression indique l'influence de la dilution v de la molécule sur la conductibilité des électrolytes binaires.

K est dite *constante de dissociation*.

Cette constante est déterminée, pour une même température et pour un même corps dissous, par deux mesures, l'une relative à une concentration arbitraire, l'autre relative à une concentration suffisamment faible pour que toutes les molécules soient dissociées.

Ostwald a trouvé la formule d'accord avec l'expérience pour plus de deux cents acides. Bredig ([1]) a vérifié la formule pour l'ammoniaque et un certain nombre de ses dérivés. La constante K est difficile à déterminer pour les corps qui sont voisins du maximum de dissociation ; car alors la moindre erreur dans la mesure de la conductibilité produit une grande variation dans la valeur de K.

Connaissant la constante K, nous pouvons calculer la conductibilité ainsi que le degré de dissociation pour une dilution quelconque. Nous n'avons pour cela qu'à résoudre l'équation par rapport à δ, ce qui donne :

$$\delta = \frac{-vK + \sqrt{v^2 K^2 + 4vK}}{2}.$$

([1]) BREDIG. *Zeit. f. phys. chem.*, XIII, p. 289 (1894).

Pour comprendre la signification de la constante de dissociation, supposons que la moitié de la substance soit dissociée : $\delta = 0,5$ et $\dfrac{1}{2} = Kv$, d'où $2K = \dfrac{1}{v}$. Le double de K est donc égal à l'inverse du volume, c'est-à-dire à la concentration pour laquelle la moitié de l'électrolyte est dissociée [1].

La constante de dissociation a une grande importance en chimie. Elle peut servir de mesure à l'*affinité*, c'est-à-dire au pouvoir des éléments de produire une action chimique, dans toutes les réactions où interviennent les acides, les bases ou les sels (voir les applications de cette formule : Note I, à la fin du volume).

D'après Van't Hoff [2], la formule de la constante de dissociation doit être modifiée pour les bases fortes, les acides forts et les sels, et remplacée par la formule empirique :

$$(4) \qquad \frac{\mu_c^3}{v \mu_\infty (\mu_\infty - \mu_c)^2} = K.$$

Bien que cette relation se vérifie dans beaucoup de cas, il ne convient pas en l'absence de toute base théorique de lui attribuer une grande généralité.

La formule de la constante de dissociation sous la forme (3) ou sous la forme (4) ne s'applique ni aux acides polybasiques, ni aux bases polyacides, ni aux sels dont un des radicaux (acide ou basique), ou dont les deux radicaux sont plurivalents, lorsque ces corps sont trop fortement dissociés. En effet, un acide bibasique, par exemple ($R_{II}H^2$), pourra, pour une dissociation avancée, se dissocier non plus seulement en deux ions $\overline{R_{II}H}$ et $\overset{+}{H}$, mais en trois ions $\overset{=}{R_{II}}$, $\overset{+}{H}$ et $\overset{+}{H}$. On a

<hr>

(1) OSTWALD. *Loc. cit.*, p. 418-421,. 429-446.
(2) VAN' T. HOFF. *Zeit. f. phys. chem.*, XIX, 13-19 (1896).

alors affaire à un équilibre autrement complexe que
lorsqu'il n'y a que deux éléments en présence, c'est-
à-dire lorsque la loi de Guldberg et Waage peut s'appliquer.

On trouvera à la fin du volume (Note II) une autre
application de la loi de Guldberg et Waage, relative
aux équilibres dans les électrolytes entre les ions et les
éléments non dissociés.

CHAPITRE III

Conductibilité et charge des ions.

Loi de Faraday. — D'après la théorie d'Arrhénius, lorsqu'un ion quitte l'électrolyte pour se précipiter sur une électrode, il s'y neutralise électriquement en recevant de cette électrode une charge égale et contraire à celle qu'il possédait. Il en résulte qu'il suffit de mesurer la quantité d'électricité nécessaire à la libération de chaque ion-gramme pour connaître, au signe près, la charge de cet ion-gramme.

Faraday a fait cette mesure, bien avant l'existence de la théorie des ions, en 1833. Il calcula, en effet, les relations qui existent entre les masses d'ions libérées par le courant et la grandeur de la quantité d'électricité correspondant à ce courant. Ces relations sont toutes contenues dans la loi de Faraday qu'on peut exprimer ainsi :

La quantité d'électricité nécessaire à la libération d'un radical quelconque est égale, pour chaque molécule-gramme de ce radical à 96.537 coulombs par valence de ce radical.

Soient p_1 et p_2 les poids des ions positifs et négatifs provenant de la dissociation du poids P d'un composé quelconque et libérés par la quantité d'électricité Q; soient d'autre part m_1 et m_2 les poids moléculaires de ces ions, n_1 et n_2 leurs valences; la loi précédente peut se formuler ainsi :

$$(5)\quad \begin{cases} Q = 96.537 \times n_1 \times \dfrac{p_1}{m_1}. \\[2mm] Q = 96.537 \times n_2 \times \dfrac{p_2}{m_2}. \end{cases}$$

La loi de Faraday indique, comme le dit Helmholtz, que la même quantité d'électricité libère le même nombre de valences ou bien les engage dans d'autres combinaisons.

On le vérifie aisément en introduisant dans le même circuit et à la suite les unes des autres des solutions de nitrate d'argent ($AzO^3\,Ag$), de sulfate de cuivre ($SO^4\,Cu$) et de chlorure d'antimoine ($SbCl^3$), par exemple, et en électrolysant ces bains [1] pendant un temps suffisant pour que la quantité d'électricité qui a traversé le circuit soit égale à 96.537 coulombs. On constate alors qu'on a séparé 108 grammes d'argent, $\dfrac{63}{3}$ grammes de cuivre, $\dfrac{119,6}{3}$ grammes d'antimoine et respectivement 1 molécule-gramme de l'ion $\overline{AzO^3}$, $\dfrac{1}{2}$ molécule-gramme de l'ion $\overline{\overline{SO^4}}$, 1 molécule-gramme de l'ion $\overline{Cl}$.

De même, si l'on introduit dans le même circuit des solutions d'un même métal à plusieurs valences, par exemple des solutions de chlorure cuivreux (Cu^2Cl^2) et de chlorure cuivrique ($CuCl^2$), 96.537 coulombs sépareront 63 grammes de cuivre pour le premier sel, $\dfrac{63}{2}$ grammes de cuivre pour le second et 35,5 grammes

---

(1) Les électrodes peuvent être indifféremment en métal inattaquable ou composées du même métal que le métal à déposer. Dans ce dernier cas, les radicaux acides attaqueront l'anode et provoqueront ainsi la formation de nouveaux cations en solution. Le seul facteur de l'énergie qui sera modifié de ce chef sera la tension qui n'a aucun rapport avec la loi de Faraday.

de chlore pour l'un et l'autre de ces sels. Pour la même raison, la même quantité d'électricité qui libère 200 grammes de mercure dans un sel mercureux, n'en libère que 100 grammes dans un sel mercurique.

Premier corollaire de la loi de Faraday. — *Chaque ion-gramme possède une charge de 96.537 coulombs par valence.*

Comme le dit Ostwald, les ions d'égale valence possèdent la même capacité pour l'électricité, quelle que soit leur nature; de telle sorte que ces ions servent de véhicule à la même quantité d'électricité et sont déplacés par la même quantité d'électricité.

Deuxième corollaire de la loi de Faraday. — Des formules (1) et (2) de la loi de Faraday on déduit

$$p_1 = \left(\frac{1}{96.537} \times \frac{m_1}{n_1} \right) \times Q.$$

$$p_2 = \left(\frac{1}{96.537} \times \frac{m_2}{n_2} \right) \times Q.$$

D'autre part

$$P = p_1 + p_2.$$

Le facteur $\left(\dfrac{1}{96.537} \times \dfrac{m}{n} \right)$ s'appelle l'*équivalent électrochimique* du radical considéré.

Remarque. — La loi de Faraday ne se rapporte qu'à un seul facteur de l'énergie électrique, la quantité d'électricité; l'autre facteur, la tension, n'a aucun rapport avec la loi de Faraday.

Réciproque de la loi de Faraday. — *La dissolution d'une électrode dégage pour chaque molécule-gramme dissoute 96.537 coulombs par valence de cette molécule-gramme.*

Cette réciproque indique, suivant l'expression d'Helmholtz, que : le même nombre de valences séparées des électrodes, par dissolution, dégagent une même quantité d'électricité.

En particulier, on obtient toujours 96.537 coulombs quand un élément de pile consomme une valence. Il faut 200 grammes de mercure pour obtenir 96.537 coulombs, quand on forme le nitrate mercureux ; cette même quantité d'électricité prend naissance quand on dissout 100 grammes de mercure dans le cyanure de potassium de façon à obtenir le cyanure mercurique.

Atomicité. — D'après ce qui précède l'atomicité ou la valence d'un élément ou d'un radical revêt un sens très précis dans la théorie des ions. Elle correspond à une charge électrique déterminée, qui est de 96.537 coulombs par molécule-gramme. C'est ainsi que dans les solutions de sel de zinc, une solution de chlorure de zinc ($ZnCl^2$) par exemple, l'ion zinc, qui a une charge (positive) de 2×96.537 coulombs par molécule-gramme, est diatomique ; il équilibre deux charges négatives $\overline{Cl} + \overline{Cl}$ représentées par 2×96.537 coulombs. Aussi représente-t-on l'ion zinc, diatomique par le symbole $\overset{++}{Zn}$; le signe $+$ répété 2 fois indique qu'il a une double charge positive. Nous représenterons de même les autres ions par leur symbole surmonté du signe $+$ ou du signe $-$ suivant qu'il s'agira d'un cation ou d'un anion, et ce signe sera répété un nombre de fois égal à son atomicité. C'est ainsi qu'on écrira : $\overset{=}{SO^4}$, $\overline{CH^3CO^2}$ pour les anions des sulfates et des acétates ; et $\overset{+}{K}$, $\overset{++}{Pb}$ pour les ions-potassium et pour les ions-plomb.

Tableau VI

Symboles, poids atomiques et équivalents électrochimiques
des corps simples.

ÉLÉMENTS	SYMBOLES	VALENCES	POIDS atomiques.	ÉQUIVALENTS	ÉQUIVALENTS électrochimiques.	NOMBRE de gr. déposés par amp.-h.
Aluminium . .	Al .	3	27,04	9,01	$9,38 \times 10^{-5}$	0,3377
Antimoine .	Sb .	3	119,6	39,87	$41,51 \times 10^{-5}$	1,491
Argent. . .	Ag .	1	107,66	107,66	$111,83 \times 10^{-5}$	4,026
Arsenic . . .	As .	3	74,9	24,97	26×10^{-5}	0,936
Azote	Az .	3	14,01	4,67	$4,86 \times 10^{-5}$	0,175
Baryum . . .	Ba .	2	136,9	68,45	$71,23 \times 10^{-5}$	2,566
Bismuth . . .	Bi .	3	207,3	69,1	$71,94 \times 10^{-5}$	2,590
Bore.	Bo .	3	10,9	3,63	$3,78 \times 10^{-5}$	0,136
Brome. . . .	Br .	1	79,75	79,75	$83,03 \times 10^{-5}$	2,989
Cadmium . .	Cd .	2	111,7	55,85	$58,14 \times 10^{-5}$	2,093
Calcium . . .	Ca .	2	39,91	19,95	$20,77 \times 10^{-5}$	0,7477
Carbone. . .	C. .	4	11,97	2,99	$3,113 \times 10^{-5}$	0,1118
Chlore. . . .	Cl .	1	35,37	35,37	$36,82 \times 10^{-5}$	1,326
Chrome . . .	Cr .	2	52,4	26,2	$27,28 \times 10^{-5}$	0,982
		3	52,4	17,47	$18,19 \times 10^{-5}$	0,6548
Cobalt. . . .	Co .	2	58,6	29,3	$30,50 \times 10^{-5}$	1,098
		3	58,6	19,53	$20,33 \times 10^{-5}$	0,732
Cuivre. . . .	Cu .	1	63,18	63,18	$65,78 \times 10^{-5}$	2,368
		2	63,18	31,59	$32,89 \times 10^{-5}$	1,184
Etain	Sn .	2	118,8	59,4	$61,84 \times 10^{-5}$	2,226
Fer	Fe .	2	55,88	27,94	$29,09 \times 10^{-5}$	1,047
		3	55,88	18,63	$19,40 \times 10^{-5}$	0,6984
Fluor	Fl .	1	19,1	19,1	$19,89 \times 10^{-5}$	1,047
Glucinium . .	Gl .	2	9,08	4,54	$4,73 \times 10^{-5}$	0,1702
Hydrogène. .	H. .	1	1	1	$1,0411 \times 10^{-5}$	0,03748
Iode.	I . .	1	126,54	126,54	$131,74 \times 10^{-5}$	4,743
Lithium . .	Li .	1	7,01	7,01	$7,298 \times 10^{-5}$	0,2627
Magnésium. .	Mg .	2	24,30	12,15	$12,65 \times 10^{-5}$	0,4554
Manganèse. .	Mn .	2	54,8	27,4	$28,53 \times 10^{-5}$	1,027
		3	54,8	18,27	$19,02 \times 10^{-5}$	0,6848
Mercure . . .	Hg .	1	199,8	199,8	208×10^{-5}	7,488
		2	199,8	99,9	104×10^{-5}	3,744
Nickel	Ni .	2	58,6	29,3	$30,50 \times 10^{-5}$	1,098
		3	58,6	19,53	$20,33 \times 10^{-5}$	0,732
Or.	Au .	3	196,7	65,57	$68,27 \times 10^{-5}$	2,458
Oxygène. . .	O. .	2	15,96	7,98	$8,308 \times 10^{-5}$	0,299
Palladium . .	Pd .	2	106,2	53,1	$55,28 \times 10^{-5}$	1,990
Phosphore. .	P. .	3	30,96	10,32	$10,74 \times 10^{-5}$	0,3868
Platine. . . .	Pt .	4	194,3	48,77	$50,78 \times 10^{-5}$	1,1828

ÉLÉMENTS	SYMBOLES	VALENCES	POIDS atomiques.	ÉQUIVALENTS	ÉQUIVALENTS électrochimiques.		NOMBRE de gr. déposés par amp.-h.
Plomb	Pb .	2	206,4	103,2	$107,44$	$\times 10^{-5}$	3,868
Potassium . .	K .	1	39,03	39,03	$40,64$	$\times 10^{-5}$	1,463
Sélénium. . .	Se .	2	78,0	39,5	$41,12$	$\times 10^{-5}$	1,480
Silicium . . .	Si. .	4	28,3	7,07	$7,36$	$\times 10^{-5}$	0,2649
Sodium . . .	Na .	1	23,0	23,0	$23,94$	$\times 10^{-5}$	0,8620
Soufre. . . .	S .	2	31,98	15,99	$16,64$	$\times 10^{-5}$	0,5993
Strontium . .	Sr .	2	87,3	43,65	$45,45$	$\times 10^{-5}$	1,636
Tellure. . . .	Te .	2	125	62,5	$0,651$	$\times 10^{-5}$	2,343
Thallium. . .	Tl .	2	203,7	101,85	$106,04$	$\times 10^{-5}$	3,8174
Titane . . .	Ti .	1	48,1	48,1	$1,0411$	$\times 10^{-5}$	0,03748
Zinc. . . .	Zn .	2	65,1	32,55	$33,89$	$\times 10^{-5}$	1,220

Nota. — Ce tableau a été calculé en partant de la valeur 0,0011183 adoptée pour l'équivalent électrochimique de l'argent.

CHAPITRE IV

Conductibilité des électrolytes et vitesse des ions.

Théorie de Hittdorf. — Hittdorf [1], dans son étude
sur les variations de la concentration de l'électrolyte
autour des électrodes a formulé sa théorie sur les vitesses
de transport des ions :

Lorsqu'on électrolyse une dissolution de sulfate de
potasse, on trouve qu'après une durée quelconque de
l'électrolyse la liqueur s'est également appauvrie aux
deux électrodes. Si on a divisé la cuve contenant l'électrolyte en deux moitiés égales, par une membrane
appropriée, qui empêche tout mélange entre le liquide
qui entoure l'anode et celui qui entoure la catode, et
si on a fait passer le courant jusqu'à ce qu'un équivalent
de sulfate de potasse ait été électrolysé, on constate,
par l'analyse, qu'il manque un équivalent de sulfate de
potasse à l'anode ainsi qu'à la catode. On trouve à la
place un équivalent d'acide sulfurique autour de l'anode
et un équivalent de potasse autour de la catode. Voilà
ce qu'on appelle une *électrolyse normale*, c'est-à-dire
une électrolyse pendant laquelle la concentration de
l'électrolyte autour de la catode reste la même que la
concentration de l'électrolyte autour de l'anode.

Pour un grand nombre de sels, la concentration de

---

(1) Hittdorf. *Poggend. Ann.*, t. LXXXIX, p. 177; t. XCVIII, p. 1; t. CIII,
p. 1; t. CVI, p. 337 et 513.

l'électrolyte devient différente à la catode et à l'anode, aussitôt après le passage du courant. L'électrolyse est dite *anormale*. Ainsi, lorsqu'on électrolyse une solution de sulfate de cuivre, on trouve que la liqueur s'appauvrit en sulfate de cuivre, *surtout* au pôle négatif ; et, quand un équivalent a été décomposé, on constate que la perte de concentration est de 0,66 à la catode et de 0,33 à l'anode, le poids de l'équivalent du sel considéré (du sulfate de cuivre, dans le présent exemple) étant pris pour unité. Pour le nitrate d'argent, la perte de concentration est de 0,526 à la catode et de 0,474 à l'anode. D'une façon générale, nous désignerons par n la fraction d'équivalent perdue à la catode, et par $1 - n$ celle qui est perdue à l'anode.

Les nombres n et $1 - n$ ont été désignés par Hittdorf sous le nom de *facteurs de transport* (Ueberführungszähle) ; d'après lui, ces nombres représentent, à un facteur constant près, les *vitesses de transport des anions et des cations*. Voici comment on peut, en effet, interpréter le phénomène des pertes de concentration de l'électrolyte autour des électrodes :

Considérons la solution d'un sel quelconque, du sulfate de cuivre, par exemple. On a pour ce sel $n = 0,66$; $1 - n = 0,33$; c'est-à-dire que la perte de concentration est deux fois plus grande autour de la catode qu'autour de l'anode. Représentons les anions $\overline{\overline{SO^4}}$ par des cercles, les cations $\overset{++}{Cu}$ par des carrés. Avant le passage du courant, la concentration est la même autour de chaque électrode (fig. 1 ; le trait vertical de la figure indique la séparation de l'électrolyte en deux moitiés égales). Faisons passer le courant pendant un temps quelconque ; nous savons qu'après le passage du courant la perte de concentration du côté de la catode est deux fois plus forte que du côté de l'anode ; cela se

Tableau VII

Valeurs des facteurs de transport (n) relatifs aux anions, à différentes concentrations de l'électrolyte à la température ordinaire ([1]).

Électrolyte																				
$\tfrac12\,\mathrm{MgSO_4}$	—	—	—	—	—	—	—	0,656	—	—	—	—	—	—	—	0,76	—	—	—	—
$\tfrac12\,\mathrm{K_2CO_3}$	—	0,30	—	0,37	—	—	0,43	0,44	—	0,42	—	—	0,41	—	—	—	0,34	—	—	—
$\tfrac12\,\mathrm{Na_2CO_3}$	—	—	—	0,48	0,52	—	—	—	0,55	—	—	—	0,53	—	—	—	—	—	—	—
$\tfrac12\,\mathrm{Li_2CO_3}$	—	—	—	0,59	0,58	—	—	—	—	—	—	—	—	—	—	—	—	—	—	—
$\tfrac12\,\mathrm{K_2C_2O_4}$	—	—	—	—	—	—	—	—	—	—	—	—	—	—	—	—	—	0,44	—	—
$\tfrac12\,\mathrm{K_2CrO_4}$	—	—	—	—	—	—	—	—	—	—	—	—	0,512	—	—	—	—	—	—	—
$\tfrac12\,\mathrm{HKCrO_4}$	—	—	—	—	—	—	—	—	—	—	0,50	—	—	—	—	—	—	—	—	—
$\tfrac14\,\mathrm{Na_4P_2O_7}$	—	—	—	0,645	—	—	—	—	—	—	—	—	—	—	—	—	—	—	—	—
$\tfrac12\,\mathrm{Na_2P_2O_6}$	—	—	—	—	—	—	—	—	—	—	—	—	—	0,57	—	—	—	—	—	—
KOH	—	—	—	0,74	0,73	—	—	0,74	—	—	—	—	—	—	—	—	—	—	—	—
NaOH	—	—	—	0,84	—	0,80	—	—	0,83	—	—	—	—	—	—	—	—	—	—	—
LiOH	—	—	—	—	0,85	—	0,87	—	—	0,90	—	—	—	—	—	—	—	—	—	—
HCl	0,21	—	—	0,21	0,17	0,16	—	0,17	—	—	—	0,19	—	—	—	—	0,32	—	—	—
HBr	—	—	—	—	—	—	—	—	—	0,178	—	—	—	—	—	—	—	—	—	—
HJ	—	—	—	—	—	—	0,258	—	—	0,201	—	—	—	—	—	—	—	—	—	—
$\mathrm{HJO_3}$	—	—	—	—	—	—	0,102	—	—	—	—	—	—	—	—	—	—	—	—	—
$\tfrac12\,\mathrm{H_2SO_4}$	—	—	—	0,21	0,21	—	—	—	0,17	—	0,19	—	0,18	0,18	—	—	—	—	0,27	0,40
$\tfrac12\,\mathrm{Ag_2SO_4}$	—	0,554	—	—	—	—	—	—	—	—	—	—	—	—	—	—	—	—	—	—

[1] Kohlrausch, *Wied. Ann.*, t. L (1893), p. 385.

TABLEAU VII

Valeurs des facteurs de transport (n) relatifs aux anions, à différentes concentrations de l'électrolyte à la température ordinaire (¹).

NOMBRE D'ÉQUIVALENTS DISSOUS DANS 1 LITRE D'EAU

	0,10	0,03	0,05	0,1	0,2	0,3	0,5	0,7	1	1,5
KCl	—	0,509	0,500	0,507	0,512	0,512	—	0,514	—	—
	—	0,530	—	—	—	0,505	—	0,517	—	—
$NaCl$	—	—	0,62	0,63	0,63	—	—	0,63	—	—
$LiCl$	—	—	0,68	0,70	0,72	—	—	0,73	0,74	—
$(NH_4)Cl$	—	—	—	0,508	—	—	—	0,514	—	0,514
1/2 $BaCl_2$	—	—	—	0,61	0,58	—	—	—	—	—
1/2 $CaCl_2$	—	—	0,61	0,68	—	—	—	—	0,64	—
1/2 $MgCl_2$	—	—	—	0,68	0,68	—	—	—	0,69	—
1/2 $MnCl_2$	—	0,682	—	—	—	—	—	—	0,71	—
2/6 Al_2Cl_6	—	—	—	—	—	—	—	—	0,714	—
2/6 Fe_2Cl_6	—	—	—	—	—	—	—	—	0,60	—
1/2 $CdCl_2$	—	—	0,708	0,725	—	—	—	—	—	—
1/2 $ZnCl_2$	—	—	0,70	—	—	—	—	—	—	—
KJ	—	0,492	—	—	—	—	—	—	—	—
NaJ	—	—	—	—	—	0,626	—	—	0,511	0,512
1/2 CaJ_2	—	—	—	—	—	—	—	—	—	—
LiJ	—	0,70	0,69	—	—	0,70	—	—	—	—
1/2 MgJ_2	0,68	—	—	—	—	0,70	0,72	—	0,71	—
1/2 ZnJ_2	—	—	0,675	—	—	—	—	—	—	—
1/2 CdJ_2	—	0,61	0,65	0,68	0,88	0,93	—	—	1,11	1,17
KBr	—	—	—	—	0,80	0,93	—	—	1,04	1,14
$AgCN$	—	—	—	—	—	—	0,52	—	—	—
KCN	—	—	—	—	—	0,47	—	—	—	—
KNO_3	—	—	—	0,50	0,49	—	—	—	—	—
$NaNO_3$	—	—	0,61	0,61	0,61	—	—	0,49	—	—
$AgNO_3$	—	0,524	0,526	0,526	—	0,525	0,52	—	0,50	—
	0,526	0,526	0,528	0,529	—	—	—	—	—	—
1/2 $Ca(NO_3)_2$	—	—	—	0,61	—	—	—	—	—	—
1/2 $Ba(NO_3)_2$	—	—	0,602	0,620	—	—	—	—	—	—
$KClO_3$	—	—	—	0,46	—	0,445	0,641	—	—	—
$KClO_4$	—	—	—	—	—	0,463	—	—	—	—
$KC_2H_3O_2$	—	—	—	0,32	0,33	—	—	—	—	—
$NaC_2H_3O_2$	—	—	—	0,44	—	0,42	—	—	—	—
$AgC_2H_3O_2$	—	—	—	0,373	—	0,42	—	—	—	0,42
1/2 K_2SO_4	—	0,50	—	—	—	—	—	—	—	—
1/2 Na_2SO_4	—	—	—	—	—	0,63	—	0,50	—	—
1/2 Li_2SO_4	—	—	—	—	—	—	—	0,64	—	—
1/2 $ZnSO_4$	—	—	0,64	0,60	0,65	—	—	—	—	—
1/2 $CuSO_4$	—	—	—	0,64	0,65	0,65	—	0,68	0,70	0,72
1/2 $MgSO_4$	—	—	—	—	0,64	0,65	0,68	0,68	0,69	0,71
1/2 K_2CO_3	—	0,30	—	—	—	—	0,656	—	—	—
1/2 Na_2CO_3	—	—	—	0,37	—	0,43	—	0,44	—	0,42
1/2 Li_2CO_3	—	—	—	0,48	0,52	—	—	—	0,55	—
1/2 $K_2C_2O_4$	—	—	—	0,59	0,58	—	—	—	—	—
1/2 K_2CrO_4	—	—	—	—	—	—	—	—	—	—
1/2 $HKCrO_4$	—	—	—	—	—	—	—	—	—	—
1/4 $Na_4P_2O_7$	—	—	0,645	—	—	—	—	—	—	0,50
1/2 $Na_2P_2O_6$	—	—	—	—	—	—	—	—	—	—
KOH	—	—	—	0,74	0,73	—	0,74	—	—	—
$NaOH$	—	—	—	0,84	0,80	—	—	0,83	—	—
$LiOH$	—	—	—	0,85	—	0,87	—	—	—	—
HCl	0,21	—	0,21	0,17	0,16	—	0,17	—	0,90	—
HBr	—	—	—	—	—	0,17	—	—	—	—
HJ	—	—	—	—	—	—	—	—	0,178	—
HJO_3	—	—	—	—	—	0,258	—	—	0,201	—
1/2 H_2SO_4	—	—	0,21	0,21	—	0,102	—	0,17	—	—
1/2 Ag_2SO_4	—	0,554	—	—	—	—	—	0,17	—	0,19

	2	2,5	3	4	5	6	8	10	20
KCl	0,516	0,514	—	—	—	—	—	—	—
	0,521	—	—	—	—	—	—	—	—
$NaCl$	—	—	0,65	0,65	0,65	—	—	—	—
$LiCl$	0,74	—	0,75	—	—	0,77	—	—	—
$(NH_4)Cl$	—	—	—	—	—	—	—	—	—
1/2 $BaCl_2$	—	—	0,517	—	—	—	—	—	—
1/2 $CaCl_2$	—	0,66	—	—	—	—	—	—	—
1/2 $MgCl_2$	—	—	—	—	—	—	—	—	—
1/2 $MnCl_2$	—	—	—	0,725	—	0,75	0,77	0,79	—
2/6 Al_2Cl_6	—	—	—	—	0,75	—	0,81	—	—
2/6 Fe_2Cl_6	—	—	—	—	0,762	—	—	—	—
1/2 $CdCl_2$	—	—	—	—	0,746	—	—	—	—
1/2 $ZnCl_2$	—	—	0,772	0,779	0,873	—	1,015	—	—
KJ	—	—	—	—	1,08	—	—	—	—
NaJ	0,512	—	—	—	—	—	—	—	—
1/2 CaJ_2	—	—	—	—	—	—	—	—	—
LiJ	—	—	—	—	—	—	—	—	—
1/2 MgJ_2	—	0,72	—	—	—	—	—	—	0,73
1/2 ZnJ_2	—	—	—	—	—	—	—	—	0,77
1/2 CdJ_2	—	0,727	—	1,157	—	—	—	—	—
KBr	—	—	1,27	—	—	—	—	—	—
$AgCN$	—	—	—	—	—	—	—	—	—
KCN	—	—	—	—	0,457	—	0,53	—	—
KNO_3	0,457	—	—	—	—	—	—	—	—
$NaNO_3$	0,48	—	—	—	—	—	—	—	—
$AgNO_3$	0,47	—	0,60	—	0,59	—	—	—	—
	—	—	—	—	—	—	—	—	—
1/2 $Ca(NO_3)_2$	—	—	—	—	—	—	—	—	—
1/2 $Ba(NO_3)_2$	—	—	0,65	—	—	0,71	—	—	—
$KClO_3$	—	—	—	—	—	—	—	—	—
$KClO_4$	—	—	—	—	—	—	—	—	—
$KC_2H_3O_2$	—	—	—	—	—	—	—	—	—
$NaC_2H_3O_2$	—	—	—	—	0,33	—	—	—	—
$AgC_2H_3O_2$	—	—	—	0,41	—	—	—	—	—
1/2 K_2SO_4	—	—	—	—	—	—	—	—	—
1/2 Na_2SO_4	—	—	—	—	—	—	—	—	—
1/2 Li_2SO_4	—	—	—	—	—	—	—	—	—
1/2 $ZnSO_4$	—	—	—	—	—	—	—	—	—
1/2 $CuSO_4$	0,73	—	0,76	—	0,78	—	—	—	—
1/2 $MgSO_4$	0,73	—	—	—	—	—	—	—	—
1/2 K_2CO_3	—	—	—	—	—	—	—	—	—
1/2 Na_2CO_3	—	—	0,41	—	—	0,76	—	—	—
1/2 Li_2CO_3	—	—	0,53	—	—	—	0,34	—	—
1/2 $K_2C_2O_4$	—	—	—	—	—	—	—	—	—
1/2 K_2CrO_4	—	—	—	—	—	—	—	—	—
1/2 $HKCrO_4$	—	—	0,512	—	—	—	—	0,44	—
1/4 $Na_4P_2O_7$	—	—	—	—	—	—	—	—	—
1/2 $Na_2P_2O_6$	—	—	—	—	—	—	—	—	—
KOH	—	—	0,57	—	—	—	—	—	—
$NaOH$	—	—	—	—	—	—	—	—	—
$LiOH$	—	—	—	—	—	—	—	—	—
HCl	—	—	—	—	—	—	—	—	—
HBr	0,19	—	—	—	—	—	0,32	—	—
HJ	—	—	—	—	—	—	—	—	—
HJO_3	—	—	—	—	—	—	—	—	—
1/2 H_2SO_4	—	—	—	—	—	—	—	—	—
1/2 Ag_2SO_4	—	—	0,18	0,18	—	—	—	0,27	0,40

¹ Kohlrausch, *Wied. Ann.*, t. L (1893), p. 385.

traduit par un déplacement vers l'anode de deux fois plus d'anions $\overline{\overline{SO^4}}$ qu'il n'y a eu de cations $\overset{++}{Cu}$ déplacés vers la catode, pendant le même temps (fig. 2). Les

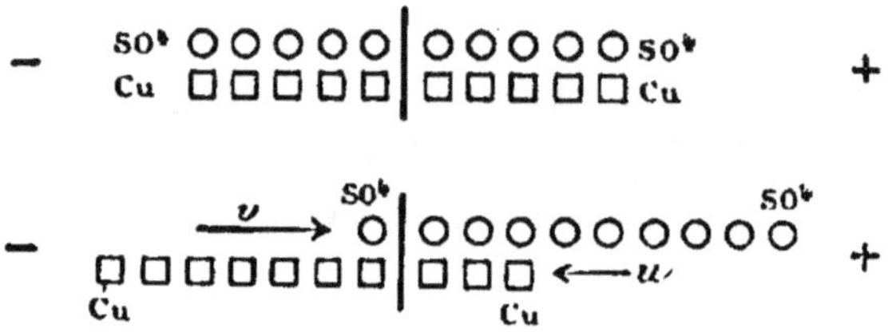

Fig. 1 et 2.

longueurs u et v (fig. 2), qui mesurent les pertes de concentration, à l'anode et à la catode, représentent ainsi les chemins parcourus par les cations et par les anions pendant le même temps, c'est-à-dire que u et v représentent respectivement les vitesses relatives de ces ions.

Si nous désignons par u et v les vitesses respectives des cations et des anions, on a la relation :

$$(6) \qquad \frac{n}{1-n} = \frac{u}{v}.$$

D'après Hittdorf, ce rapport est indépendant de l'intensité du courant ; par contre les valeurs absolues des vitesses de transport des ions sont directement proportionnelles à cette intensité. Les vitesses varient généralement avec la température ainsi qu'avec la concentration de l'électrolyte comme l'indiquent les tableaux VII et VIII.

Les électrolytes susceptibles de subir le phénomène de l'hydrolyse (voir, note III) ont des facteurs de transport très variables avec la dilution. Il en est de même pour les électrolytes dont un des radicaux ou dont les deux radicaux sont plurivalents lorsque ces corps sont trop fortement dissociés. Dans ce cas, en effet, comme nous l'avons déjà fait remarquer plus haut (p. 41), le nombre des ions et la nature des ions peut changer.

Dans les tableaux VII et VIII les différentes valeurs de n représentent les pertes de concentration aux catodes ou, d'après Hittdorf, les vitesses relatives des différents anions. Les pertes de concentration aux anodes, ou les vitesses relatives des différents cations sont représentées par $1 - n$.

TABLEAU VIII

Valeurs de n à différentes températures [1].

ÉLECTROLYTES	TEM-PÉRATURE	n	TEM-PÉRATURE	n
NaCl	20°	0,608	95°	0,551
KCl	20°	0,496	74°	0,509
CaCl²	20°	0,602	95°	0,549
BaCl²	20°	0,580	80°	0,572
CdCl²	20°	0,570	96°	0,570
CuSO⁴	15°	0,638	75°	0,622
AgAzO³	10°	0,530	90°	0,510

Loi de Kohlrausch [2]. — Kohlrausch [3] a établi un rapport simple entre les facteurs de transport et les conductibilités moléculaires. Considérons un électrolyte situé entre deux électrodes distantes de 1 centimètre et

---

(1) BEIN. *Wied. Ann.*, XLVI, p. 29 (1892).

(2) Nous ne donnons pas ici cette loi telle qu'elle a été donnée par Kohlrausch, car elle ne s'appliquerait qu'aux électrolytes complètement dissociés, mais telle qu'elle a été modifiée par Ostwald (*Zeit. f. phys. Chem.*, II, 841), car alors elle s'applique aux électrolytes de degré de dissociation quelconque.

(3) KOHLRAUSCH. *Pogg. Ann.*, CLIX, 272 (1876); *Wied. Ann.*, VI, 160 (1879); XXVI, 161 (1885). VOGEL. *Theorie elektrolytischer Vorgänge*, p. 80, 81 (1895).

de surface telle que le volume de l'électrolyte compris entre les deux électrodes contienne exactement une molécule-gramme ; la conductibilité de cette solution est, par définition, sa conductibilité moléculaire μ.

Soient u la vitesse de transport des cations et v celle des anions. Considérons un plan quelconque parallèle aux électrodes et situé entre elles ; le nombre de coulombs qui passent à travers ce plan pendant une seconde est égal à $96.537 \times v$, v étant le nombre d'ions qui traversent ce plan par seconde. Or v est proportionnel au degré δ de dissociation de l'électrolyte et à la vitesse u ou v de migration des ions suivant que l'on considère les cations ou les anions. On a donc :

Pour les cations : $v_1 = k.\delta.u$, et pour les anions : $v_2 = k.\delta.v$, k étant un facteur constant.

Le nombre de cations et d'anions qui passent à travers le plan, non plus pendant une seconde mais pendant le temps dt est donc respectivement :

$$k.\delta.u.dt \quad \text{et} \quad k.\delta.v.dt$$

et les quantités d'électricité correspondantes sont :

$$96.537.\,k.\delta.u.dt \quad \text{et} \quad 96.537.\,k.\delta.v.dt.$$

L'intensité du courant s'obtient en divisant la somme dq de ces deux quantités d'électricité par le temps dt :

$$i = \frac{dq}{dt} = k.\delta.96.537\,(u+v);$$

ou en posant :]

$$96.537 \times k = \mathrm{K} = c^{te}$$
$$i = \mathrm{K}\delta\,(u+v).$$

Soit Δ la tension exclusivement employée au transport des ions et ne se rapportant par suite qu'au travail calorifique résultant de ce transport. On admet que ce travail est employé à vaincre la résistance opposée par le frottement des ions au cours de leur migration :

$$\Delta = ir = i \times \frac{\mathrm{I}}{\mu} = K\delta\,(u+v) \times \frac{\mathrm{I}}{\mu},$$

d'où :

$$(7) \qquad \mu = \frac{K}{\Delta}\,\delta\,(u+v).$$

Telle est la *loi de Kohlrausch*. Elle exprime que *la conductibilité moléculaire se compose de deux valeurs additives se rapportant l'une au cation, l'autre à l'anion.*

Pour les dilutions suffisamment grandes $\delta = 1$ et l'égalité précédente devient :

$$(8) \qquad \mu_\infty = \frac{K}{\Delta}\,(u+v).$$

REMARQUE I. — L'indépendance des conductibilités des deux ions prouve, comme le dit Ostwald, l'indépendance mutuelle des ions eux-mêmes.

REMARQUE II. — La loi de Kohlrausch ne s'applique pas aux électrolytes susceptibles de subir le phénomène de l'hydrolyse (voir note III) ; elle ne s'applique pas non plus aux électrolytes dont un des radicaux ou les deux radicaux sont plurivalents lorsque ces corps sont trop fortement dissociés, car le nombre des ions et leur nature peut alors changer, comme nous l'avons indiqué plus haut (p. 41). Les concentrations trop fortes peuvent rendre également la loi de Kohlrausch inapplicable ; on admet dans ce cas que le frottement subi par les ions exerce une influence sensible.

Premier corollaire de la loi de Kohlrausch. — En divisant membre à membre les deux égalités précédentes, on retombe sur la loi d'Ostwald (vue précédemment p. 32).

$$(1) \qquad \delta = \frac{\mu_v}{\mu_x}.$$

Deuxième corollaire de la loi de Kohlrausch. — Dans la formule d'Ostwald $\delta = \dfrac{\mu_c}{\mu_x}$, remplaçons μ_x par sa valeur exprimée dans l'expression (8); remplaçons également μ_c par sa valeur $\dfrac{\gamma}{p}$, γ étant la conductibilité spécifique de l'électrolyte et p le nombre de molécules-grammes contenues dans l'unité de volume, on a alors :

$$\delta = \frac{\Delta}{K} \cdot \frac{\gamma}{p\,(u + v)}.$$

Pour les solutions très diluées, $\delta = 1$; on a donc pour la valeur de p dans ce cas :

$$p = \frac{\Delta}{K} \cdot \frac{\gamma}{u + v}.$$

On peut, d'après cette expression, mesurer la solubilité des sels difficilement solubles dans l'eau tels que le chlorure d'argent; ces sels sont en effet si peu solubles qu'on peut les considérer comme complètement dissociés. Il faut, bien entendu, que ces sels ne subissent pas l'influence de l'hydrolyse et ne contiennent pas de radicaux plurivalents susceptibles de former deux ou plusieurs ions.

Troisième corollaire de la loi de Kohlrausch. — De la relation $\dfrac{n}{1 - n} = \dfrac{u}{v}$, on déduit :

$$n = \frac{v}{u + v} \qquad \text{et} \qquad 1 - n = \frac{u}{u + v},$$

d'où :

$$v = n\,(u + v) \qquad \text{et} \qquad u = (1 - n)\,(u + v),$$

ou en remplaçant $u + v$ par sa valeur déduite de la loi de Kohlrausch :

$$(9) \qquad v = \frac{1}{K\delta} \Delta \times n\mu,$$

$$(10) \qquad u = \frac{1}{K\delta} \Delta \times (1 - n)\mu.$$

Pour les dilutions suffisamment grandes $\delta = 1$ et l'on a :

$$(11) \qquad v_\infty = \frac{1}{K} \Delta n\mu_\infty,$$

$$(12) \qquad u_\infty = \frac{1}{K} \Delta (1 - n)\mu_\infty.$$

REMARQUE. — Les deux expressions précédentes permettent de calculer μ_∞ connaissant n_∞, u_∞, v_∞. Ce calcul sera plus exact qu'une mesure directe de μ_∞ ; dans ce cas, en effet, les erreurs sont faciles à commettre ; nous ne citerons que l'erreur qui résulte des impuretés de l'eau, impuretés dont la conductibilité moléculaire peut devenir comparable, pour les grandes dilutions, à la conductibilité moléculaire du corps considéré.

Vitesses des ions. — Les expressions (9), (10), (11) et (12) permettent de calculer en fonction des valeurs n et μ les vitesses de transport *relatives* des ions, $v = n\mu$ et $u = (1 - n)\mu$.

Bredig a calculé les vitesses limites u_∞ et v_∞ d'un grand nombre d'ions. Mais comme les valeurs n_∞ n'ont été déterminées que pour un petit nombre de sels, il n'a pas utilisé directement les expressions (11) et (12). Il est parti de la valeur n_∞ relative à l'agent ($n_\infty = 0,524$) ; cette valeur est en effet très connue et facile à vérifier, car elle varie peu avec la concentration pour les grandes dilutions. D'autre part, le tableau des conductibilités moléculaires de ce livre donne pour le nitrate d'argent $n_\infty = 124,2$.

L'expression (12) donne donc, pour une différence de potentiel $\Delta = 1$ volt par centimètre et à un facteur constant près, la valeur *relative* :

$$u_\infty {}_{Ag} = (1 - 0,524) \times 124,2 = 59,1.$$

D'autre part, on déduit de l'égalité (8) (loi de Kohlrausch) les vitesses *relatives* suivantes :

$$V_\infty \mathrm{AzO^4} = \mu_\infty \mathrm{AzO^4Ag} - u_\infty \mathrm{Ag} = 124,2 - 59,1 = 65,1,$$

de même :

$$u_\infty \mathrm{Na} = \mu_\infty \mathrm{NaAzO^3} - V_\infty \mathrm{AzO^4} = 114,3 - 65,1 = 49,2$$
$$V_\infty^{\mathrm{Cl}} = \mu_\infty \mathrm{NaCl} - u_\infty \mathrm{Na} = 119,4 - 29,2 = 70,2$$
$$u_\infty \mathrm{K} = \mu_\infty \mathrm{KCl} - V_\infty^{\mathrm{Cl}} = 140,8 - 70,2 = 70,6$$

et ainsi de suite de proche en proche.

On trouvera ces valeurs dans le tableau IX.

Les valeurs de μ_∞ qui ont servi à calculer les vitesses *relatives* du tableau suivant ont été établies avec l'unité de résistance Siemens (voir le tableau III hors texte). Si l'on désire avoir les vitesses *relatives* en fonction de l'ohm international, il suffira de diviser les vitesses indiquées sur ce tableau par 1,063.

Nous avons placé à côté des vitesses *relatives*, les vitesses *absolues* exprimées en centimètres par seconde. Celles-ci (d'après les formules 11 et 12) s'obtiennent en multipliant les vitesses *relatives* par le facteur $\dfrac{1}{K} \cdot \Delta$; ce facteur a été déterminé par Budde et Kohlrausch pour $\Delta = 1$ volt par centimètre. Ils ont trouvé $\dfrac{1}{K} = 110 \times 10^{-7}$ lorsque μ est évaluée en fonction de l'ohm Siemens.

REMARQUE I. — Le tableau IX permet de calculer, à l'aide de la loi de Kohlrausch, les conductibilités moléculaires limites μ_∞ pour un électrolyte quelconque dont les ions ont leurs vitesses mentionnées dans ce tableau.

C'est ainsi que pour le sulfate de potasse on a, à la température de 25° :

$$\mu_\infty = 70,6 + 73,5 = 144,1.$$

TABLEAU IX

Vitesses de transport des ions à 25°[1] pour des dilutions infinies.

IONS	Vitesses relatives	Vitesses absolues en. $\frac{\text{cm.}}{\text{sec.}}$ par $\frac{\text{volt}}{\text{cm.}}$	IONS	Vitesses relatives	Vitesses absolues en. $\frac{\text{cm.}}{\text{sec.}}$ par $\frac{\text{volt}}{\text{cm.}}$
H	325	0,00357	H^2PO^2	41,8	0,00046
Li	39,8	0,00044	H^2PO^4	33,5	0,00037
Na	49,2	0,00054	H^2AsO^4	31,7	0,00035
K	70,6	0,00078	HCO^2	51,2	0,00056
Cs	73,6	0,00081	$H^3C^2O^2$	38,3	0,00042
Ag	59,1	0,00065	—	—	—
Tl	69,5	0,00076	$\frac{1}{2}\,SO^3$	65,6	0,00072
HO [2]	167	0,00184	$\frac{1}{2}\,SO^4$	73,5	0,00081
Fl	50,8	0,00056	$\frac{1}{2}\,CrO^4$	78,1	0,00086
Cl	70,2	0,00077	$\frac{1}{2}\,S^2O^8$	76,8	0,00084
Br	73,0	0,00080	$\frac{1}{2}\,Cl^6Pt$	65,2	0,00072
I	72,0	0,00079	$\frac{1}{2}\,C^2O^4$	71,1	0,00078
AzH^4	70,4	0,00077	—	—	—
ClO^3	59,0	0,00065	$\frac{1}{3}\,Fe\,(CAz)^6$	89,6	0,00099
BrO^3	50,5	0,00056	$\frac{1}{3}\,Co\,(CAz)^6$	88,8	0,00098
IO^3	37,9	0,00042	$\frac{1}{3}\,Cr\,(CAz)^6$	98,1	0,00108
IO^4	51,3	0,00056	—	—	—
MnO^4	56,9	0,00063	$\frac{1}{4}\,Fe\,(CAz)^6$	90,3	0,00099

(1) Extrait des tableaux de vitesses dressés par Bredig (*Zeit. phys. Chem.*, XIII (1894), p. 229-239).

(2) Cette valeur est empruntée à Kohlrausch, *Wied. ann.*, L (1893), p. 408. La valeur de Kohlrausch se rapportant à 18°, nous avons ramené cette valeur à 25° en nous servant de la formule $v_{18} = v_{25}\,(1 - 7 \times 0,019)$.

REMARQUE II. — Les expériences de Lodge et Whetham [1] sur les sels dont les anions sont colorés (chromates, permanganates, etc.) ont permis d'évaluer directement la vitesse de ces anions; les valeurs ainsi obtenues se sont trouvées être les mêmes que celles données par la formule (9) :

Un tube en U, ABC, contient une solution de permanganate de potassium (MnO^4K), qui occupe le fond du tube jusqu'au tiers de

(1) NERNST. *Zeit. f. Elektrochemie*, 20 janvier 1897.

sa hauteur, et une solution de nitrate de potasse (AzO^3K) qui recouvre les deux surfaces libres de la solution de permanganate sans se mélanger avec elles. Pour éviter tout mélange possible entre ces deux solutions, on a introduit le permanganate par un tube à entonnoir *abc* soudé au tube en U et terminé par une partie capillaire *aa'* ; de plus on a élevé la densité du permanganate en l'additionnant d'une petite quantité d'urée. En faisant passer un courant d'une tension suffisante, on voit les surfaces de séparation, qui étaient primitivement sur le même plan, présenter des différences de niveau croissantes et se rapprocher toutes les deux de l'anode. Les vitesses de déplacement de ces surfaces représentent précisément les vitesses v des anions MnO^4 pour le voltage donné. Connaissant v, on calculera facilement la vitesse u des cations.

Dans l'électrolyse de ces deux sels, les anions MnO^4 en arrivant dans le nitrate de potassium ont pris la place des anions AzO^3 et ont reformé du permanganate MnO^4K.

La concentration du nitrate de potassium doit être telle que cette solution ait la même conductibilité que la solution de permanganate ; de cette façon, le calcul de la différence de potentiel n'offre pas de difficultés. En employant des solutions diluées, on arrive à pouvoir fournir de hautes tensions sans élévation de chaleur ; avec ces tensions élevées les déplacements arrivent, à être suffisants pour la mesure dans un temps très court, et, par suite, la diffusion des liquides est évitée.

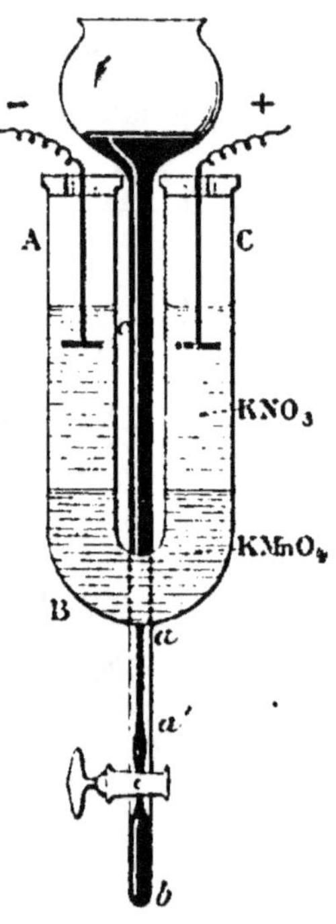

Fig. 3.

Influence des poids moléculaires des ions sur leur vitesse de transport [1]. — Les poids moléculaires des ions paraissent exercer une influence sensible sur leurs vitesses de migration. C'est ainsi que si, dans un ion complexe, on remplace un atome par un autre atome ou

---

(1) BREDIG. *Zeit. f. phys. Chem.*, XIII (1894), p. 243-283.

encore par un groupe d'atomes, la vitesse de l'ion est, en général, modifiée de la façon suivante : si le groupe de substitution est plus lourd que le groupe qu'il remplace, la vitesse de l'ion complexe diminue, s'il est plus léger cette vitesse augmente, enfin s'il est du même poids cette vitesse reste en général la même.

C'est ainsi que Bredig, qui a fait un long et remarquable travail sur ce sujet, a trouvé que si l'on dresse la liste des formules des anions ou des cations d'égale valence et différant l'un de l'autre par nCH^2 (par exemple le diméthylammonium C^2H^8Az, le diéthylammonium $C^4H^{12}Az$, le dipriopylammonium $C^6H^{16}Az$, etc., qui diffèrent l'un de l'autre par nCH^2,) la vitesse diminue avec le nombre des groupes CH^2. Il en est de même pour les composés qui diffèrent les uns des autres soit par H, soit par C, soit par Az, soit par Cl, soit par Br. On trouvera à ce sujet de nombreux tableaux de vitesses d'ions dans le travail de Bredig (*loc. cit.*, p. 266-283).

L'oxygène fait exception à cette règle, car, par son addition à l'ion, il augmente dans certains cas la vitesse de l'ion au lieu de la diminuer. On n'a pas encore expliqué cette anomalie.

Cette diminution de la vitesse s'obtient de même par la substitution à H d'éléments plus lourds Cl, Br, I ; par la substitution à S des éléments plus lourds Se ou Te, etc. La substitution à O de S fait exception à cette règle sans qu'on puisse encore en expliquer la raison.

Dans tous ces exemples la vitesse ne diminue pas d'une manière régulière, par addition ou par substitution régulière d'un même élément ou groupe d'éléments dans une même série de corps ; au contraire, cette diminution paraît généralement tendre vers un minimum au fur et à mesure que la masse de l'ion augmente.

Les ions isomères n'ont pas toujours, comme on

pourrait s'y attendre d'après ce qui précède, des vitesses égales. Dans ce cas, en effet, la structure de la molécule paraît exercer une influence importante sur la vitesse des ions. Seuls les ions ayant la même constitution paraissent avoir des vitesses égales, comme le montre le tableau suivant :

TABLEAU X
Vitesses d'ions isomères.

ANIONS UNIVALENTS		v [1]
Anion de l'acide butyrique	$H^7C^4O^2$	30,7
— isobutyrique		30,9
— cinnamique	$C^9H^7O^2$	27,3
— atropique		27,1
— o. toluidique		29,9
— m. toluidique	$C^8H^7O^2$	30,0
— p. toluidique		29,6
— α toluidique		29,8
— o. amidobenzoïque	$C^7H^6AzO^2$	29,8
— p. amidobenzoïque		30,1
— anisique		28,6
— phénylglycolique	$C^8H^7O^3$	28,0
— »		28,3
— α crotonique	$C^4H^5O^2$	32,0
— β crotonique		32,2
— angélique	$C^5H^7O^2$	29,4
— tiglique		29,6
— α chlorisocrotonique		31,9
— β chlorisocrotonique	$C^4H^5ClO^2$	31,7
— β chlorocrotonique		31,9
CATIONS UNIVALENTS		u
Cation de la propylamine	$(C^3H^7)AzH^3$	40,1
— isopropylamine		40,0
— isobutylamine		36,3
— méthyléthylcarbinamine	$(C^4H^9)AzH^3$	36,2
— triméthylcarbinamine		36,6
— méthylquinoléine	$(CH^3)(C^9H^7)Az.$	36,5
— méthylisoquinoléine		36,6
— triméthyl-α-naphtylamine	$(CH^3)^3(C^{10}H^7)Az$	30,6
— triméthyl-β-naphtylamine		30,4

[1] D'après **Ostwald** et **Walden**.

Quant aux ions isomères ayant des constitutions très différentes, les vitesses de transport ne sont pas les mêmes et paraissent être influencées par la symétrie ainsi que par le degré de substitution (représenté par le nombre de liaisons de la molécule). Bredig l'a démontré en particulier pour un certain nombre de combinaisons organiques dérivées du groupe AzH^3 par substitution aux éléments H, et pour lesquelles la vitesse croît avec la symétrie par rapport à Az ainsi qu'avec le nombre de liaisons CAz, nombre qui représente ici le degré de substitution.

CHAPITRE V

Influence de la température sur la conductibilité.

Résultats généraux. — La conductibilité des électrolytes croît en général avec la température et est le plus souvent une fonction linéaire de la température. On désigne sous le nom de *coefficient de température* le rapport de l'accroissement de la conductibilité, pour une élévation de 1°, à la conductibilité totale.

Ce coefficient, en général, varie peu avec les divers électrolytes, surtout en solution étendue. Il a une valeur très élevée dans le cas des électrolytes, puisqu'en général la conductibilité s'élève de plusieurs centièmes par degré centigrade. Ce coefficient, à la température ordinaire, varie entre 0,020 à 0,023 pour les solutions étendues des sels ; pour les solutions étendues des acides et de quelques sels acides, il varie entre 0,019 et 0,020. Ces valeurs varient peu avec le degré de dilution.

Si on augmente la concentration, le coefficient baisse presque toujours un peu. Pour les concentrations plus élevées, il tend à croître ; cependant il continue à baisser jusqu'à une forte concentration pour les chlorures et les nitrates de potassium et d'ammonium et pour quelques autres sels (¹).

____

(1) KOHLRAUSCH et HOLBORN, *Leitvermögen der Elektrolyte* (1898).

Interprétation. — D'après l'hypothèse des ions la conductibilité est, comme nous l'avons vu, proportionnelle au *nombre* des ions, à leur *charge* ainsi qu'à leur *vitesse* de translation. Si donc la température fait varier la conductibilité, c'est qu'elle agit sur l'un ou l'autre de ces facteurs. De fait, elle agit sur le degré de dissociation, c'est-à-dire sur le *nombre* des ions, ainsi que sur la *vitesse* de translation de ceux-ci.

La vitesse de translation des ions augmente toujours avec une élévation de température. Le degré de dissociation, par contre, ou ce qui revient au même le nombre des ions peut, suivant les corps, augmenter ou diminuer avec l'élévation de température. Si la diminution est suffisante, les coefficients de température peuvent devenir négatifs ; c'est ce qu'Arrhénius a montré pour les solutions à 1 molécule-gramme par litre, des acides phosphorique (PO^4H^3) et hypophosphoreux (PO^2H^3), dont les conductibilités augmentent, puis passent par un maximum pour diminuer ensuite. Ce maximum est atteint à 74° pour l'acide phosphorique et à 54° pour l'acide hypophosphoreux. P. Sack [*Wied. Ann.*, XLIII (1891), 212] a, de même, trouvé un maximum à 96° pour les solutions de sulfate de cuivre.

TABLEAU XI
Résistances et conductibilités des électrolytes.

L'unité de résistance qui sert de base à ces valeurs est l'ohm international.

ÉLECTROLYTES	Nombre de grammes du sel dissous dans 100 grammes de solution. (p. 100)	Nombre d'équivalents-grammes par litre. (Équiv./lit.)	Poids spécifique de la solution. (S)	Résistance en ohms d'une colonne d'un décim. de long et d'un décim² de section. (R)	Diminution de la résistance par degré centigrade (en centièmes). (ΔR[1] p. 100)	Conductibilité. ($\frac{1}{R}$)	OBSERVATEURS
KCl 18°. . .	2,4	0,33	1,0135	2,91	2,19	0,343	Trötsch[2]
»	5,0	0,693	1,0308	1,463	2,02	0,684	F. Kohlr.
»	8,0	1,13	1,0519	0,820	2,00	1,22	Trötsch.
»	10	1,43	1,0638	0,742	1,89	1,35	F. Kohlr.
»	15	2,26	1,0978	c,499	1,80	2,00	»
»	19,3	2,93	1,1308	0,383	1,71	2,61	Trötsch.
»	20	3,05	1,1335	0,377	1,69	2,66	F. Kohlr.
»	25	3,83	1,1408	0,359	1,67	2,79	»
NH₄Cl 18°. .	4,76	0,90	1,0118	1,159	2,09	0,861	Trötsch.
»	5	0,950	1,0142	1,098	1,99	0,932	Kohlr.
»	10	1,927	1,0289	0,568	1,87	1,760	»
»	15	2,931	1,0430	0,390	1,72	2,564	»
»	19,9	3,95	1,0553	0,307	1,66	3,304	Trötsch.
»	20	3,961	1,0571	0,299	1,62	3,335	Kohlr.
»	25	5,016	1,0710	0,250	1,55	3,992	»
NaCl 18° . .	5	0,943	1,0345	1,502	2,18	0,666	»
»	10	1,834	1,0707	0,833	2,15	1,200	Kohlr.
»	15	2,85	1,1087	0,615	2,13	1,626	»
»	20	3,93	1,1477	0,515	2,17	1,912	»
»	25	5,10	1,1898	0,472	2,28	2,118	»
»	26	5,34	1,1982	0,469	2,31	2,132	»
»	26,4	5,43	1,2014	0,468	2,34	2,137	»
LiCl 18°. . .	2,5	0,598	1,0132	2,463	2,28	0,406	»
»	5	1,212	1,0274	1,377	2,24	0,726	»
»	10	2,492	1,0563	0,828	2,19	1,208	»
»	20	5,263	1,115	0,617	2,21	1,620	»
»	30	8,36	1,181	0,722	2,29	1,395	»
»	40	11,84	1,255	1,196	2,85	0,836	»
BaCl₂ 18°. .	5	0,50	1,0445	2,590	2,15	0,386	»

(1) La variation ΔR qui représente la diminution de la résistance (en centièmes) pour un accroissement de 1° C, n'est proportionnelle à la variation de température que dans des limites étroites.

(2) *Wied. Ann.*, t. XLI (1890), p. 266.

ÉLECTROLYTES	Nombre de grammes du sel dissous dans 100 grammes de solution. p. 100	Nombre d'équivalents-grammes par litre. Equiv. lit.	Poids spécifique de la solution. S	Résistance en ohms d'une colonne d'un décim. de long et d'un décim² de section. R	Diminution de la résistance par degré centigrade (en centièmes). ΔR p. 100	Conductibilité. $\frac{1}{R}$	OBSERVATEURS
$BaCl_2$ 18° . .	10	1,053	1,0939	1,375	2,07	0,727	Kohlr.
»	15	1,658	1,1473	0,950	2,01	1,05	»
»	20	2,321	1,2047	0,757	1,96	1,32	»
»	24	2,904	1,2559	0,657	1,93	1,52	»
$SrCl_2$ 18° . .	5	0,661	1,0443	2,087	2,15	0,479	»
»	10	1,383	1,0932	1,138	2,09	0,879	»
»	15	2,174	1,1456	0,819	—	1,221	»
»	20	3,043	1,2023	0,674	—	1,483	»
»	22	3,413	1,2259	0,637	—	1,570	»
$CaCl_2$ 18° . .	5	0,949	1,0409	1,569	2,14	0,637	»
»	10	1,962	1,0852	0,884	2,07	1,132	»
»	15	3,067	1,1311	0,670	2,03	1,493	»
»	20	4,264	1,1794	0,583	2,01	1,716	»
»	25	5,56	1,2305	0,566	2,05	1,767	»
»	30	6,96	1,2841	0,608	2,17	1,645	»
»	35	8,49	1,3420	0,738	2,37	1,355	»
$MgCl_2$ 18° . .	5	1,096	1,0416	1,476	2,23	0,677	»
»	10	2,285	1,0859	0,894	2,21	1,118	»
»	20	4,951	1,1764	0,719	2,38	1,39	»
»	30	8,07	1,2779	0,952	2,84	1,05	»
»	34	9,44	1,3201	1,315	3,19	0,760	»
$CuCl_2$ 18° . .	1,35	0.20	1,0123	5,82	2,29	0,183	Trötsch.
»	9	1,45	1,0828	1,40	2,00	0,71	»
»	18,2	3,25	1,1985	0,97	1,94	1,02	»
»	28,75	5,76	1,3443	1,12	2,26	0,89	»
»	35,2	7,62	1,4518	1,44	2,70	0,69	»
»	9,25°	gesätt	1,4308	1,455	—	—	Wiedem.
$CoCl_2$ 18° . .	2	0,43	1,020	4,36	2,43	0,229	Trötsch.
»	10	2,32	1,100	1,12	2,22	0,89	»
»	15,2	3,71	1,1663	0,829	2,20	1,19	»
»	24,3	6,61	1,290	0,800	2,28	1,25	»
K Br 18° . .	5	0,436	1,0357	2,163	2,07	0,47	Kohlr.
»	10	0,904	1,0741	1,084	1,95	0,94	»
»	20	1,95	1,1583	0,527	1,78	1,89	»
»	30	3,17	1,2553	0,344	1,65	2,91	»
»	36	4,00	1,3198	0,287	1,55	3,47	»
K I 18° . . .	5	0,312	1,0363	2,976	2,06	0,336	»
»	10	0,650	1,0762	1,481	2,01	0,671	»
»	20	1,410	1,1679	0,694	1,58	1,43	»

ÉLECTROLYTES	Nombre de grammes du sel dissous dans 100 grammes de solution. (p. 100)	Nombre d'équivalents-grammes par litre. (Equiv./lit.)	Poids spécifique de la solution. (S)	Résistance en ohms d'une colonne d'un décim. de long et d'un décim² de section. (R)	Diminution de la résistance par degré centigrade (en centièmes). (ΔR p. 100)	Conductibilité. ($\frac{1}{R}$)	OBSERVATEURS
KI 18° . . .	3o	2,3o7	1,273	o,438	1,67	2,41	Kohlr.
»	4o	3,374	1,3966	o,318	1,52	3,14	»
»	5o	4,666	1,515	o,257	1,41	3,9o	»
»	55	5,414	1,63o	o,238	1,41	4,15	»
NH₄I 18° . .	10	o,737	1,o652	1.3o6	2,02	o,766	»
»	20	1,577	1,13q7	o,631	1,93	1,57	»
»	3o	2,544	1,226o	o,4o7	1,8o	2,46	»
»	4o	3,66q	1,326o	o,2q8	1,67	3,34	»
»	5o	4,q86	1,4415	o,24o	1,54	4,17	»
NaI 18° . . .	5	o,347	1,o374	3,381	2,22	o,296	»
»	10	o,722	1,o8o3	1,737	2,16	o,577	»
»	20	1,57o	1,1735	o,882	2,04	1,132	»
»	3o	2,573	1,2836	o,61o	1,q8	1,64o	»
»	4o	3,77q	1,4127	o,478	1,qq	2,09	»
LiI 18° . . .	5	o,38q	1,o361	3,4o5	2,1q	o,2q4	»
»	10	o,8o5	1,o756	1,76o	2,16	o,568	»
»	15	1,256	1,118o	1,2o4	2,12	o,83o	»
»	20	1,744	1,1643	o,q22	2,07	1,o74	»
»	25	2,272	1,2138	o,74q	2,o3	1,87	»
KCN 15° . .	3,25	o,5o8	1,o154	1,q1o	2,08	o,523	»
»	6,5	1,o31	1,o316	o,q8o	1,q4	1,ooq	»
KFl 18° . . .	5	o,8q5	1,o41	1,546	2,14	o,646	»
»	10	1,865	1,o84	o,834	2,17	1,1q7	»
»	20	4,o5	1,176	o,485	2,1q	2,o4q	»
»	3o	6,56	1,272	o,3q4	2,28	2,533	»
»	4o	9,q3	1,378	o,4oo	2,5	2,5oo	»
KNO₃ 18° . .	5	o,511	1,o3o5	2.214	2,oq	o,451	»
»	10	1,o54	1,o632	1,2oo	2,o6	o,833	»
»	15	1,63o	1,o97	o,848	2,o3	1,17q	»
»	20	2,245	1,133	o,668	1,q8	1,4q7	»
»	22	2,5o2	1,148	o,61q	1,q5	1.62o	»
NH₄NO₃ 15° .	5	o,638	1,o2o1	1,7o5	2,o4	o,5qo	»
»	10	1,3o4	1,o41q	o,qo1	1,q5	1,115	»
»	20	2,718	1,o86o	o,488	1,8o	2,o64	»
»	3o	4,24o	1,11o4	o,354	1,6q	2,821	»
»	4o	5,qo	1,178o	o,2q8	1,61	3,34	»
»	5o	7,68	1,227q	o,277	1,57	3,61	»
NaNO₃ 18° .	5	o,6o8	1,o327	· 2,312	2,22	o,428	»
»	10	1,258	1,o681	1,288	2,19	o,78o	»

ÉLECTROLYTES	Nombre de grammes du sel dissous dans 100 grammes de solution. (p. 100)	Nombre d'équivalents-grammes par litre. ($\frac{\text{Equiv.}}{\text{lit.}}$)	Poids spécifique de la solution. (S)	Résistance en ohms d'une colonne d'un décim. de long et d'un décim² de section. (R)	Diminution de la résistance par degré centigrade (en centièmes). (ΔR p. 100)	Conductibilité. ($\frac{1}{R}$)	OBSERVATEURS
$NaNO_3$ 18°..	20	2,694	1,1435	0,773	2,16	1,307	Kohlr.
»	30	4,34	1.2278	0,628	2,21	1,592	»
$Ba(NO_3)_2$ 18°.	4,2	0,333	1,0340	4,81	2,36	0,209	»
»	8,4	0,690	1,0712	2,85	2,46	0,351	»
$Ca(NO_3)_2$ 18°.	6,25	0,801	1,0487	2,055	2,19	0,488	»
»	12,5	1,683	1,1016	1,254	2,18	0,807	»
»	25	3,724	1,2198	0,962	2,19	1,039	»
»	37,5	6,21	1,3546	1,152	2,54	0,870	»
»	50	9,23	1,5102	2,154	3,37	0,465	»
$Mg(NO_3)_2$ 18°	5	0,701	1,0378	2,301	2,17	0,432	»
»	10	1,454	1,0763	1,310	2,13	0,775	»
»	15	2,264	1,1181	0,987	2,09	1,002	»
»	17	2,611	1,1372	0,914	2,09	1,111	»
$AgNO_3$ 18°..	5	0,307	1,0422	3,947	2,19	0,253	»
»	10	0,642	1,0893	2,120	2,18	0,276	»
»	15	1,009	1,1404	1,478	2,16	0,676	»
»	20	1,410	1,1958	1,157	2,13	0,862	»
»	25	1,851	1,2555	0,953	2,11	1,047	»
»	30	2,338	1,3213	0,814	2,10	1,228	»
»	35	2,879	1,3945	0,717	2,08	1,394	»
»	40	3,485	1,4773	0,645	2,06	1,550	»
»	45	4,168	1,5705	0,588	2,05	1,704	»
»	50	4,94	1,6745	0,544	2,06	1,838	»
»	55	5,80	1,7895	0,509	2,07	1,966	»
»	60	6,78	1,9158	0,480	2,10	2,08	»
$Cu(NO_3)_2$...	—	0,262	—	5,96	—	0,176	Becquerel
14 — 15°.	—	0,490	—	3,33	—	0,300	»
»	—	0,925	—	2,40	—	0,417	»
»	—	0,980	—	2,01	—	0,494	»
$KClO_3$ 15°..	5	0,449	1,0316	2,742	2,12	0,365	Kohlr.
$KC_2H_3O_2$..	5	0,522	1,0228	2,903	2,24	0,345	»
»	10	1,069	1,0466	1,610	2,20	0,621	»
»	20	2,239	1,0960	0,962	3,23	1,039	»
»	30	3,519	1,1484	0,801	2,32	1,248	»
»	40	4,91	1,2028	0,797	2,51	1,255	»
»	50	6,43	1,2598	0,897	2,77	1,115	»
»	60	8,06	1,3152	1,194	3,25	0,837	»
»	70	9,81	1,3714	2,106	4,11	0,474	»
$NaC_2H_3O_2$..	5	0,612	1,025	3,41	5,52	0,293	»

ÉLECTROLYTES	Nombre de grammes du sel dissous dans 100 grammes de solution.	Nombre d'équivalents-grammes par litre.	Poids spécifique de la solution.	Résistance en ohms d'une colonne d'un décim. de long et d'un décim² de section.	Diminution de la résistance par degré centigrade (en centièmes).	Conductibilité.	OBSERVATEURS
	p. 100	Equiv. / lit.	S	R	ΔR p. 100	t / R	
$NaC_2H_3O_2$. .	10	1,474	1,051	2,09	2,60	0,478	Kohlr.
»	20	2,697	1,104	1,54	2,95	0,646	»
»	30	4,242	1,159	1,67	3,52	0,596	»
»	32	4,570	1,170	1,77	3,72	0,565	»
K_2SO_4 18°. .	5	0,598	1,0395	2,19	2,17	0,456	»
»	10	1,244	1,0813	1,17	2,04	0,855	»
$(NH_4)_2SO_4$ 15°	5	0,781	1,0292	1,825	2,16	0,548	»
»	10	1,605	1,0581	0,996	2,04	1,006	»
»	20	2,284	1,1160	0,565	1,94	1,770	»
»	30	5,34	1,1730	0,439	1,92	2,278	»
»	31	5,54	1,1787	0,433	1,92	2,309	»
Na_2SO_4 15°. .	5	0,737	1,0450	2,46	2,37	0,406	»
»	10	1,540	1,0915	1,46	2,50	0,614	»
»	15	2,417	1,1426	1,13	2,57	0,880	»
Li_2SO_4 15°. .	5	0,950	1,0430	2,515	2,37	0,397	»
»	10	1,981	1,0877	1,649	2,40	0,612	»
$MgSO_4$ 15°. .	5	0,875	1,0510	3,81	2,27	0,262	»
»	10	1,840	1,1052	2,43	2,42	0,411	»
»	15	2,897	1,1602	2,09	2,53	0,478	»
»	20	4,06	1,2200	2,11	2,70	0,474	»
»	25	5,35	1,2861	2,42	2,90	0,413	»
$ZnSO_4$ 18°. .	5	0,653	1,0509	5,27	2,26	0,189	»
»	10	1,376	1,1069	3,13	2,24	0,319	»
»	15	2,176	1,1675	2,42	2,29	0,412	»
»	20	3,063	1,2323	2,14	2,42	0,467	»
»	25	4,05	1,3045	2,09	2,59	0,478	»
»	30	5,14	1,3788	2,26	2,74	0,442	»
$CuSO_4$ 18°. .	2,5	0,322	1,0246	9,24	2,14	0,108	»
»	5	0,661	1,0513	5,32	2,17	0,187	»
»	10	1,393	1,1073	3,14	2,19	0,319	»
»	15	2,202	1,1675	2,38	2,32	0,419	»
»	17,5	2,642	1,2003	2,19	2,37	0,456	»
$FeSO_4$ 18°. .	0,37	0,5	1,0344	6,50	2,18	0,154	Klein[1].
»	4,9	0,67	1,0476	5,03	2,17	0,199	Trötsch.
»	7,9	1	1,0692	3,894	2,18	0,275	Klein.
»	13,3	2	1,1375	2,575	2,23	0,388	»

(1) Wied. Ann., Bd. 27 (1886). S. 134.

ÉLECTROLYTES	Nombre de grammes du sel dissous dans 100 grammes de solution.	Nombre d'équivalents-grammes par litre.	Poids spécifique de la solution.	Résistance en ohms d'une colonne d'un décim. de long et d'un décim² de section.	Diminution de la résistance par degré centigrade (en centièmes).	Conductibilité.	OBSERVA-TEURS
	p. 100	Equiv. lit.	S	R	ΔR p. 100	$\frac{1}{R}$	
FeSO$_4$ 18°. .	18,1	2,83	1,1934	2,173	2,27	0,460	Trötsch.
»	18,9	3	1,2018	2,180	2,31	0,459	Klein.
»	22,4	3,56	1,2359	2,134	2,43	0,469	»
MnSO$_4$ 18°. .	4,46	0,619	1,0456	5,39	2,21	0,185	»,
»	10,4	1,476	1,0982	3,19	2,16	0,313	»
»	13,5	2,034	1,1343	2,697	2,16	0,371	»
»	20,1	3,231	1,2108	2,319	2,23	0,431	»
»	25,1	4,257	1,2756	2,361	2,42	0,423	»
»	29,9	5,321	1,3400	2,620	2,65	0,382	»
»	35,2	6,639	1,4187	3,35	2,94	0,299	»
NiSO$_4$ 18°	3,72	0,15	1,0379	6,56	2,31	0,153	»
»	7,18	1	1,0759	3,96	2,27	0,252	»
»	13,1	2	1,1503	2,60	2,41	0,385	»
»	19,0	3	1,2219	2,22	2,50	0,450	»
KHSO$_4$ 18°. .	5	0,762	1,0354	1,22	1,85	0,822	Kohlr.
»	10	1,58	1,0726	0,656	0,86	1,52	»
»	15	2,45	1,1116	0,461	0,86	2,45	»
»	20	3,39	1,1516	0,362	0,88	2,77	»
»	25	4,39	1,192	0,308	0,92	3,24	»
»	27	4,82	1,2116	0,293	0,94	3,39	»
K$_2$CO$_3$ 15°.	5	0,758	1,0449	1,79	2,22	0,399	»
»	10	1,585	1,0919	0,967	2,13	1,034	»
»	20	3,458	1,1920	0,569	2,11	1,762	»
»	30	5,66	1,3002	0,452	2,20	2,21	»
»	40	8,22	1,4170	0,463	2,47	2,16	»
»	50	11,40	1,5728	0,864	3,20	1,154	»
Na$_2$CO$_3$ 18°. .	5	0,993	1,0511	2,23	2,53	0,447	»
»	10	2,087	1,1044	1,43	2,72	0,799	»
»	15	3,285	1,1590	1,20	2,95	0,833	»
KHCO$_3$ 18°. .	5	1,034	1,0328	2,71	2,06	0,368	»
»	10	2,137	1,0674	1,46	1,98	0,685	»
KH$_2$PO$_4$ 18°.	5	1,143	1,0341	4,230	2,21	0,237	»
»	10	2,363	1,0691	2,508	2,23	0,398	»
»	15	3,676	1,1092	1,713	2,28	0,585	»
K$_2$C$_2$O$_4$ 18° .	5	0,625	1,0367	2,058	2,16	0,487	»
»	10	1,296	1,0751	1,086	2,06	0,913	»

Bases.

ÉLECTROLYTES	p. 100	Equiv. lit.	S	R	ΔR p. 100	$\frac{1}{R}$	OBSERVA-TEURS
KOH 15°. .	4,2	0,619	1,0382	0,685	1,88	1,459	»

ÉLECTROLYTES	Nombre de grammes du sel dissous dans 100 grammes de solution.	Nombre d'équivalents-grammes par litre.	Poids spécifique de la solution.	Résistance en ohms d'une colonne d'un décim. de long et d'un décim² de section.	Diminution de la résistance par degré centigrade (en centièmes).	Conductibilité.	OBSERVA-TEURS
	p. 100	Equiv. / lit.	S	R	ΔR p. 100	$\frac{1}{R}$	
KOH 15° . .	8,4	1,580	1,0777	0,369	1,87	2,710	Kohlr.
»	12,6	2,515	1,1177	0,267	1,89	3,746	»
»	16,8	3,477	1,1588	0,220	1,94	4,505	»
»	21,0	4,534	1,2088	0,197	2,00	5,07	»
»	25,2	5,599	1,2439	0,186	2,10	5,38	»
»	29,4	6,778	1,2908	0,185	2,22	5,41	»
»	33,6	8,001	1,3332	0,193	2,37	5,21	»
»	37,8	9,319	1,3803	0,210	2,58	4,76	»
»	42,0	10,73	1,4298	0,239	2,84	4,184	»
NaOH 15° . .	2,5	0,643	1,0280	0,924	1,95	1,082	»
»	5	1,322	1,0568	0,510	2,02	1,960	»
»	10	2,786	1,1131	0,321	2,18	3,118	»
»	15	4,392	1,1700	0,290	2,50	3,460	»
»	20	6,137	1,2262	0,307	3,01	3,257	»
»	25	8,022	1,2823	0,370	3,70	2,702	»
»	30	10,04	1,3374	0,497	4,50	2,011	»
»	35	12,19	1,3907	0,668	5,54	1,497	»
»	40	14,44	1,4421	0,855	6,52	1,155	»
»	42	15,36	1,4615	0,917	6,95	1,056	»
LiOH 18° .	1,25	0,528	1,0132	1,29	1,92	0,775	»
»	2,5	1,072	1,0276	0,712	1,97	1,404	»
»	5	2,200	1,0547	0,421	2,04	2,375	»
»	7,5	3,380	1,0804	0,336	2,22	2,976	»
Ba(OH)₂ 18°.	1,25	0,148	1,0120	4,02	1,88	0,248	»
»	2,5	0,300	1,0253	2,10	1,86	0,479	»

Acides.

ÉLECTROLYTES	p. 100	Equiv. / lit.	S	R	ΔR p. 100	$\frac{1}{R}$	OBSERVA-TEURS
H_2SO_4 18° . .	1	0,204(?)	—	2,193	1,12	0,455	»
»	2,5	0,519	1,0161	0,924	1,15	1,082	»
»	5	1,065	1,0331	0,482	1,21	2,085	»
»	10	2,182	1,0673	0,257	1,28	3,881	»
»	15	3,384	1,1036	0,185	1,36	5,40	»
»	20	4,667	1,1414	0,154	1,45	6,48	»
»	30	7,487	1,2207	0,136	1,62	7,34	»
»	40	10,68	1,3056	0,148	1,78	6,77	»
»	50	14,30	1,3984	0,186	1,93	5,38	»
»	60	18,42	1,5019	0,270	2,13	3,71	»
»	70	23,11	1,6146	0,467	2,56	2,141	»
»	80	28,33	1,7320	0,913	3,49	1,095	»

ÉLECTROLYTES	Nombre de grammes du sel dissous dans 100 grammes de solution. (p. 100)	Nombre d'équivalents-grammes par litre. (Équiv. / lit.)	Poids spécifique de la solution. (S)	Résistance en ohms d'une colonne d'un décim. de long et d'un décim² de section. (R')	Diminution de la résistance par degré centigrade (en centièmes). (ΔR p. 100)	Conductibilité. ($\frac{1}{R}$)	OBSERVATEURS
H_2SO_4 18° . .	85	30,98	1,7827	1,030	3,65	0,971	Kohlr.
»	90	33,13	1,8167	0,938	3,20	1,066	»
»	95	35,68	1,8368	0,984	2,79	1,016	»
»	97	36,47	1,8390	1,25	2,86	0,799	»
»	99,4	37,22	1,8354	11,8	4,00	0,085	»
H_3PO_4 18° . .	5	1,575	1,0270	3,23	1,00	0,310	»
»	10	3,236	1,0548	1,77	1,04	0,560	»
»	20	6,841	1,1151	0,889	1,14	1,124	»
»	30	10,87	1,1808	0,607	1,30	1,647	»
»	40	15,37	1,2530	0,500	1,50	2,00	»
»	50	20,44	1,3328	0,484	1,74	2,066	»
»	60	26,15	1,4208	0,548	2,07	1,825	»
»	70	32,54	1,5155	0,700	2,52	1,428	»
»	80	39,73	1,6192	1,026	3,09	0,974	»
HCl 10° . . .	5	1,408	1,0242	0,255	1,59	3,92	»
»	10	2,884	1,0490	0,159	1,57	6,29	»
»	15	4,431	1,0744	0,135	1,56	7,41	»
»	20	6,050	1,1001	0,132	1,55	7,57	»
»	25	7,741	1,1262	0,139	1,54	7,19	»
»	30	9,506	1,1524	0,152	1,53	6,58	»
»	35	11,33	1,1775	0,170	1,52	5,88	»
»	40	13,22	1,2007	0,195	—	5,13	»
HBr 18° . . .	5	0,639	1,0322	0,526	1,53	1,901	»
»	10	1,321	1,0669	0,283	1,53	3,533	»
»	15	2,051	1,1042	0,203	1,51	4,92	»
HI 18° . . .	5	0,407	1,0370	0,754	1,58	1,326	»
$H_2C_2H_4O_6$ 18°	3,5	0,792	1,0156	1,98	1,42	0,505	»
»	7,0	1,610	1,0326	1,28	1,44	0,770	»
$H_2C_4HO_4$ 18°	5	0,683	1,0216	16,8	1,86	0,060	»
»	10	1,397	1,0454	12,3	1,91	0,081	»
»	20	2,927	1,0950	10,1	1,87	0,099	»
»	30	4,605	1,1484	10,4	2,00	0,096	»
»	40	6,45	1,2064	12,8	2,23	0,077	»
»	50	8,47	1,2672	18,9	2,65	0,052	»
$HC_2H_3O_2$ 18°.	1	0,167	1, —	172	—	0,009	»
»	5	0,840	1,0058	82	1,63	0,0122	»
»	10	1,693	1,0133	66	1,69	0,0154	»
»	20	3,427	1,0257	62	1,79	0,0161	»
»	30	5,21	1,0393	71	1,86	0,0140	»

ÉLECTROLYTES	Nombre de grammes du sel dissous dans 100 grammes de solution. (p. 100.)	Nombre d'équivalents-grammes par litre. (Equiv. lit.)	Poids spécifique de la solution. (S)	Résistance en ohms d'une colonne d'un décim. de long et d'un décim² de section. (R)	Diminution de la résistance par degré centigrade (en centièmes). (ΔR p. 100)	Conductibilité. ($\frac{1}{R}$)	OBSERVATEURS
$HC_2H_3O_2$ 18°.	40	7,01	1,0496	92	1,96	0,0109	Kohlr.
»	50	8,85	1,0600	136	1,94	0,0074	»
»	60	10,68	1,0655	218	2,06	0,0045	»
»	70	12,50	1,0685	420	2,10	0,0024	»,
»	80	14,29	1,0690	1230	2,10	0,0008	»
»	99,7	17,46	1,0485	2390000	—	0,00000042	»

Sels doubles.

ÉLECTROLYTES	m_1(¹)	m_2	s	R	ΔR p. 100	$\frac{1}{R}$	
$K_2SO_4,Al_2(SO_4)_3$ 15° .	0,183	0,549	1,0477	3,99	2,03	0,256	Kohlr.
$MgSO_4,(NH_4)_2SO_4$ 18°	1	1	—	2,174	2,21	0,460	Klein.
»	1,5	1,5	—	1,615	2,14	0,619	»
»	2	2	—	1,329	2,16	0,752	»
»	2,5	2,5	—	1,163	2,11	0,859	»
$MgSO_4,K_2SO_4$ 18°. .	0,5	0,5	—	3,63	2,210	0,276	»
»	1	1	—	2,086	2,16	0,479	»
$FeSO_4,(NH_4)_2SO_4$ 18°	0,5	0,5	—	3,88	2,20	0,258	»
»	1	1	—	2,246	2,13	0,445	»
»	2	2	—	1,387	2,14	0,721	»
»	3	3	—	1,079	2,11	0,927	»
$FeSO_4,K_2SO_4$ 18° . .	0,5	0,5	—	3,829	2,19	0,261	»
»	1	1	—	2,207	2,16	0,453	»
$NiSO_4,K_2SO_4$ 18° . .	0,5	0,5	—	3,818	2,22	0,262	»
»	1	1	—	2,217	2,27	0,451	»
$NiSO_4,(A_2H_4)_2SO_4$ 18°.	0,5	0,5	—	3,889	2,25	0,257	»
»	1	1	—	2,258	2,55	0,443	».

(1) m_1 et m_2 représentent, pour chaque sel, le nombre d'équivalents par litre.

LIVRE III

TENSION ÉLECTRIQUE

NÉCESSAIRE AU FONCTIONNEMENT DE L'ÉLECTROLYSE

CHAPITRE PREMIER

Théorie de la dissolution des éléments entrant dans la composition des électrodes.

Généralités. — Nous connaissons maintenant les propriétés des ions, nous savons calculer *leur nombre* et *leur vitesse*, nous connaissons *leur charge*, toutes valeurs qui sont les variables indépendantes de la fonction : *quantité d'électricité.*

Il nous reste à connaître les conditions qui permettent aux éléments constituant l'anode, quand celle-ci est soluble, de passer à l'état d'ions dans l'électrolyte (phénomènes de dissolution), et inversement les conditions qui permettent aux ions de repasser sur la catode à l'état d'éléments moléculaires. Toutes ces conditions sont intimement liées au deuxième facteur de l'énergie électrique nécessaire au fonctionnement de l'électrolyse : la *tension électrique.*

Avant de calculer ce facteur, il nous importe de connaître les conditions de la dissolution des éléments et les phénomènes qui l'accompagnent.

D'après l'hypothèse d'Arrhénius, les éléments, en

entrant en solution ne peuvent passer de leur état moléculaire à l'état d'ions que si : 1° ils trouvent l'occasion de recevoir une certaine charge électrique ; 2° ils trouvent en solution des ions dont la charge soit égale et contraire à celle qu'ils envoient.

Les *métaux*, y compris l'hydrogène, passent toujours lors de leur dissolution à l'état d'ions et doivent conséquemment recevoir une certaine charge électrique ; comme cations ils reçoivent des *charges positives*. Plongés dans des électrolytes ils enlèvent cette charge aux ions-métal qui se trouvent en dissolution. Mais si ces ions-métal perdent leur charge, ils passent à l'état de métal moléculaire et se précipitent, à moins qu'ils ne soient plurivalents, dans quel cas ils peuvent ne céder qu'une partie de leur charge et ne perdre qu'une partie de leur valence. Abstraction faite des processus secondaires qui peuvent se produire, on observe donc lors de la dissolution des métaux une précipitation de métal (ou d'hydrogène) ou une diminution de la valence d'un des métaux présents en solution.

Ainsi, dans la dissolution d'un métal au sein d'un électrolyte, il y a substitution de ce métal à un autre avec cession de la charge de celui-ci au premier ; pendant cet échange, l'ion positif constituant le radical acide est toujours resté le même avec sa même charge égale et contraire à celle de l'ion-métal quelle que soit la nature des métaux en présence. La même interprétation s'applique à la dissolution des anodes solubles au cours de l'électrolyse ; par exemple aux anodes de cuivre dans un bain de sulfate de cuivre : ici l'anode de cuivre, pour passer à l'état d'ions, reçoit des charges positives, non plus des ions de la solution mais d'une source électrique *extérieure*; en même temps la catode reçoit, d'une source extérieure, des charges négatives qui ont pour effet de neutraliser les charges positives des ions-cuivre du bain et de les précipiter ainsi à l'état métallique. Il y a donc, comme précédemment, un phénomène de substitution : le cuivre s'est substitué au cuivre.

Dans certains cas, la dissolution se fait de façon que l'ion-acide se forme au fur et à mesure que se forme l'ion-métal. C'est le cas de la dissolution du fer dans l'eau en présence de cristaux d'iode ; il se forme alors des ions $\overset{++}{Fe}$ et des ions $\overline{I}$ (c'est-à-dire de l'iodure de fer dissocié). Le fer a cédé sa charge négative, l'iode sa charge positive ; il en est résulté des ions-fer (positifs) et des ions-iode (négatifs).

Exemples des divers cas de dissolution possibles. Expériences de Küster ([1]). — Il ne s'agit, bien entendu, dans ces exemples, que de la dissolution des éléments entrant dans la composition des électrodes :

1. Si nous plongeons une lame de fer dans une solution de sulfate de cuivre, le fer s'y dissout en précipitant du cuivre.

Le fer a ainsi pu passer à l'état d'ions en enlevant aux ions-cuivre qui se trouvaient en dissolution leur charge ; les ions-cuivre aussitôt privés de leur charge se sont séparés à l'état moléculaire, c'est-à-dire à l'état de cuivre métallique.

Küster ([2]), pour mettre en évidence cet échange de charges, cause du phénomène, ne plonge pas la lame de fer directement dans la solution de sulfate de cuivre ; il la place au contraire en dehors de cette solution (fig. 4)

------

(1) Nous présentons les expériences de Küster avec des appareils un peu différents de ceux qu'il a indiqués et qui nous paraissent mettre plus en évidence les phénomènes qu'il s'agit de présenter.

(2) Küster. *Zeit. f. Elektroch.*, 20 août 1897, p. 107.

et la relie à celle-ci d'une part par un conducteur métallique qui doit permettre aux charges des ions-cuivre de passer dans la lame de fer, d'autre part par une solution de sulfate de soude (liquide sans action chimique sur le fer). Cette solution de sulfate de soude, qui se superpose à la solution de sulfate de cuivre sans se mélanger avec elle, doit servir de véhicule aux ions-fer. De fait, le circuit ainsi constitué est le siège d'un courant qui va du sulfate de cuivre (pôle +) au fer (pôle —), et le fer se dissout dans le sulfate de soude tandis que du cuivre se précipite au sein du sulfate de cuivre.

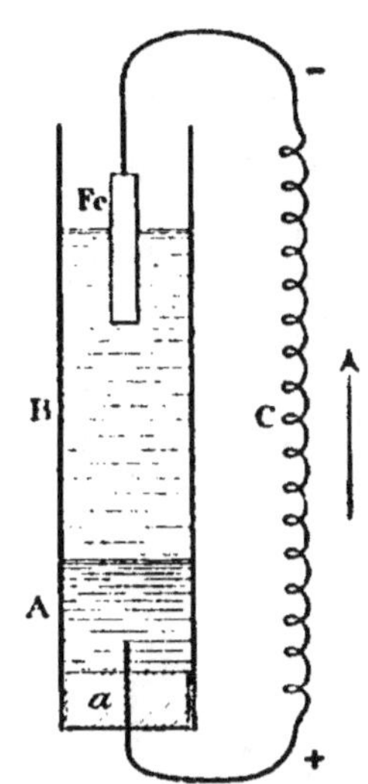

Fig. 4. — Expérience de Küster.

F, morceau de fer, plongeant dans une solution B de sulfate de soude. — A, solution de sulfate de cuivre. — a, bouchon de liège traversé par l'extrémité du fil conducteur en cuivre C.

Si le tube qui a servi à faire cette opération ne contenait que du sulfate de soude, sans sulfate de cuivre, rien de semblable ne se passerait.

2. Considérons maintenant le cas d'un métal plongeant dans un sel dont les ions-métal sont plurivalents; nous avons vu que le métal, pour se dissoudre, peut n'enlever à ceux-ci qu'une partie de leur charge, ou ce qui revient au même, de leur valence.

Si, par exemple, nous plongeons une lame de cuivre ou de fer dans une solution de perchlorure de fer, la lame s'y dissout et le perchlorure de fer passe à l'état de protochlorure

$$\text{Fe} + \text{Fe}^2\text{Cl}^6 = 3\text{FeCl}^2.$$

Le fer a passé à l'état d'ions parce qu'il a enlevé aux ions ferriques $\left(\overset{+++}{\text{Fe}}\right)$ une partie de leur charge (le tiers); il les a fait passer à l'état d'ions ferreux $\left(\overset{+\,+\,+}{Fe}\right)$.

Pour mettre en évidence cet échange de charges, Küster [1] place la lame de fer en dehors de la solution de perchlorure de fer et procède d'une manière analogue à l'expérience précédente (voy. fig. 5).

3. Si les métaux reçoivent exclusivement des charges *positives* pour passer à l'état d'ions, les métalloïdes reçoivent des charges *positives* ou *négatives* pour passer à l'état d'ions :

Introduisons, par exemple, du brome dans une solution d'iodure de potassium, le brome s'y dissout en séparant de l'iode :

$$Br + IK = BrK + I.$$

Le brome a passé à l'état d'ions parce qu'il a enlevé leur charge positive aux ions-iode ; ceux-ci se sont aussitôt précipités à l'état moléculaire.

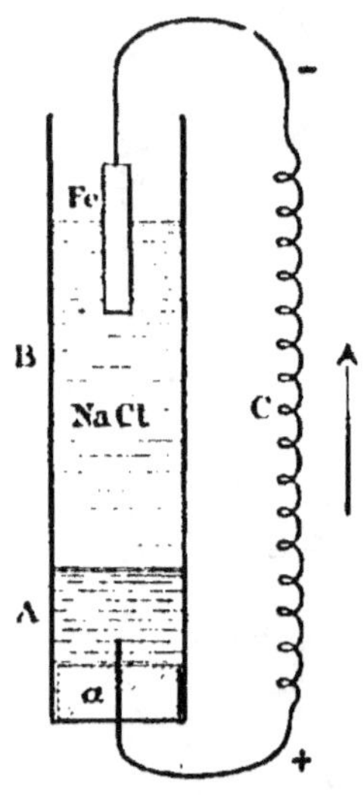

Fig. 5. — Expérience de Küster.

F, morceau de fer plongeant dans une solution B de chlorure de sodium. — A, solution de perchlorure de fer. — C, fil de platine. — La flèche indique le sens du courant.

L'échange des charges a été mis en évidence par une nouvelle expérience de Küster, où le brome est séparé de la solution d'iodure de potassium par une colonne de chlorure de potassium en solution (fig. 6).

4. Considérons maintenant le cas d'un métalloïde qui, pour passer à l'état d'ions, reçoit des charges négatives, c'est-à-dire cède des charges positives : Introduisons par exemple de l'iode cristallisé dans une solution de protochlorure de fer, l'iode s'y dissout à l'état de proto-

(1) Küster. *Loc. cit.*

iodure de fer et le protochlorure de fer passe à l'état
de perchlorure :

$$3\text{FeCl}^2 + \text{I}^2 = \text{FeI}^2 + \text{Fe}^2\text{Cl}^6.$$

L'iode a donc passé à l'état d'ions (négatifs) en cédant
sa charge positive aux ions ferreux $\left(\overset{++}{\text{Fe}}\right)$ qui deviennent
ainsi ions ferriques $\left(\overset{+++}{\text{Fe}}\right)$.

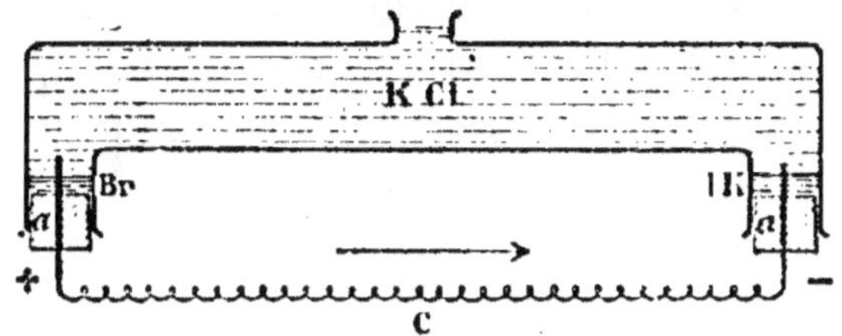

Fig. 6. — Expérience de Küster.

Br, brome. — IK, solution d'iodure de potassium. — K Cl, solution
du chlorure de potassium. — a, a, bouchons fermant les deux extrémités du
tube en II. — C, fil de platine.

L'expérience de Küster où l'iode est séparée du perchlorure de fer par une colonne de chlorure de potassium,

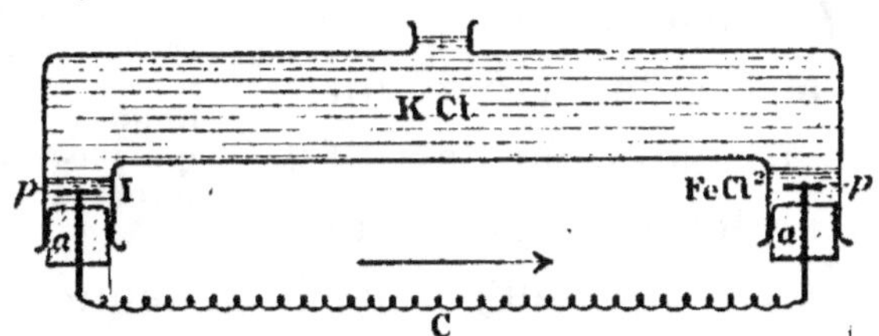

Fig. 7. — Expérience de Küster.

pp, électrodes en platine reliées par un fil de platine C. — I, iode.
FeCl², solution de protochlorure de fer.

rend compte de cet échange des charges (voir fig. 7) (¹).

---

(1) On sait que la réaction que nous venons de formuler est limitée par
la réaction inverse, c'est-à-dire que la réaction inverse se produit lorsque les
rapports des poids $\dfrac{\text{ions-ferreux}}{\text{ions-ferriques}}$ et $\dfrac{\text{iode-moléculaire}}{\text{ions-iode}}$ atteignent une certaine valeur. On a alors la réaction :

$$\text{FeI}^2 + \text{Fe}^2\text{Cl}^6 = 3\,\text{FeCl}^2 + \text{I}^2.$$

Cette réaction se produit quand on augmente suffisamment la concentration des ions-iode, en ajoutant une certaine quantité d'iodure de potassium

5. Küster a réalisé le phénomène de la dissolution d'éléments avec formation d'ions-acide en même temps que d'ions-métal (voy. p. 77), en séparant ces éléments par une colonne de liquide approprié. C'est ainsi qu'il sépare le fer et l'iode par une colonne de chlorure de potassium en solution. Dès que le circuit est fermé, le fer et l'iode se dissolvent simultanément.

Chaleurs d'ionisation (1ʳᵉ méthode).

— Les éléments, pour passer de l'état moléculaire à l'état d'ions, absorbent une certaine quantité de chaleur. Ostwald [1] a calculé ces chaleurs d'ionisation d'après les considérations suivantes :

Chaleur d'ionisation des métaux. — Soit une molécule de zinc qui se dissout dans une solution de sulfate de cuivre totalement dissociée; la

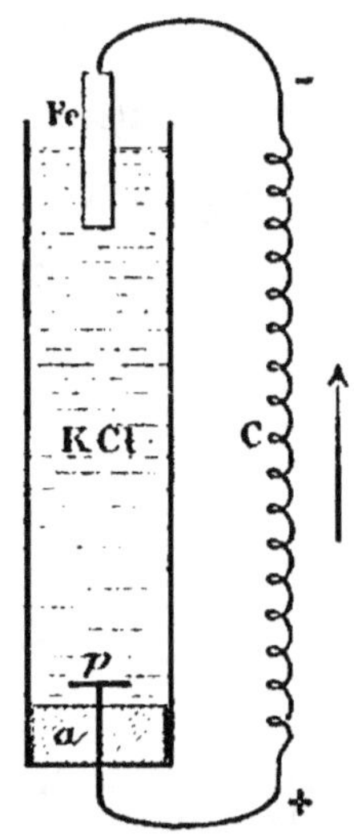

Fig. 8. — Expérience de Küster.

Fe, morceau de fer relié à la cathode p en platine par un fil C du même métal. — La catode p est recouverte d'iode. — La flèche indique le sens du courant qui passe dès que l'on ferme le circuit.

réaction peut se représenter par le schème suivant où les symboles représentent les molécules exprimées en grammes (molécules-grammes) :

$$\overset{++}{Zn} + \overset{++}{Cu} + \overset{=}{SO^4} = \overset{++}{Zn} + \overset{=}{SO^4} + Cu + 5o.9oo \text{ cal.-gr.-degr.}$$

Sulfate de cuivre, Sulfate de zinc.

dans le mélange. De même dans l'expérience de Küster, où les réactifs sont séparés, si on ajoute dans la branche où se trouve l'iode une certaine quantité d'iodure de potassium, la réaction est inversée et, en même temps, le courant traversant le circuit change de sens ; les ions ferriques précédemment formés cèdent à nouveau une partie de leur charge en redevenant ions ferreux, et ramènent une partie de l'iode à l'état moléculaire.

[1] OSTWALD. *Zeit. f. phys. chem.*, XI (1893), p. 501, et *Grundriss der Allg. Chemie*, 3ᵉ édition (1899).

Le signe $+$ précédant la chaleur de la réaction (5o.9oo cal.) indique qu'il y a dégagement de chaleur ; le signe $-$ aurait indiqué au contraire une absorption de chaleur.

Le schème précédent indique que la chaleur d'ionisation d'une molécule-gramme de zinc diminuée de la chaleur dégagée par le passage d'une molécule-gramme d'ions-cuivre en cuivre métallique est de 5o.9oo cal.-gr.-degrés. Soient j_{zinc} et j_{cuivre} ces chaleurs :

$$j_{zinc} - j_{cuivre} = \text{5o.9oo cal.-gr.-degrés.}$$

Or la chaleur d'ionisation du cuivre qui a servi de point de départ à Ostwald pour toutes ses déterminations et qui a été mesurée directement par une méthode sur laquelle nous reviendrons (p. 118), est de $-$ 15.8oo cal.-gr.-degrés à 18° ; on a donc :

$$j_{zinc} = \text{5o.9oo} - \text{15.8oo} = +\text{35.1oo cal.-gr.-degrés.}$$

On voit que la chaleur d'ionisation du zinc a un signe contraire à celle du cuivre, c'est-à-dire que tandis que ce métal absorbe de la chaleur pour passer à l'état d'ions, le zinc au contraire en dégage. Cette différence correspond d'ailleurs aux propriétés de ces métaux ; le zinc se dissout, en effet, facilement dans les acides, c'est-à-dire qu'il y forme facilement des ions ; le cuivre, au contraire, est facilement réduit et ne peut se dissoudre dans les acides que sous l'action de milieux oxydants.

De la chaleur d'ionisation du zinc, Ostwald déduit celle de l'hydrogène par le même procédé dont le principe généralisé peut être énoncé de la façon suivante :

Quand un métal se dissout dans la solution d'un autre métal en précipitant ce dernier, la chaleur d'ionisation du premier métal est égale à la chaleur résultant de cette réaction, plus la chaleur d'ionisation du second métal. Ce théorème suppose que le sel primitif et le sel nouvellement formé sont l'un et l'autre complètement dissociés.

Le zinc se dissout dans l'acide chlorhydrique en dégageant 36.000 cal.-gr.-degrés ; il y a en même temps dégagement de 2 atomes d'hydrogène par atome de zinc dissout. On a donc :

$$j_{zinc} = 36.000 + 2j_{hydrogène}$$

d'où

$$2j_{hydrogène} = 35.100 - 36.000 = -900 \text{ cal.}$$

et

$$j_{hydrogène} = -450 \text{ cal.}$$

La chaleur d'ionisation de l'hydrogène est, comme on le voit, très faible. Il en résulte que la chaleur d'ionisation des métaux est à peu près égale à la chaleur qui accompagne la dissolution de ces métaux dans les acides (lorsqu'il ne se dégage que de l'hydrogène); elle n'en diffère, pour chaque atome d'hydrogène libéré, que des 450 cal. qui se dégagent du fait du passage des ions-hydrogène en hydrogène gazeux.

Les chaleurs d'ionisation des autres métaux s'obtiennent de la même façon et sont consignées dans le tableau suivant. Cette méthode suppose, comme nous l'avons déjà fait remarquer, que les solutions sont complètement dissociées.

Chaleur d'ionisation des anions. — Les chaleurs d'ionisation des anions se déterminent aussi très simplement. Prenons, par exemple, le cas du chlore ; la chaleur de formation de la solution aqueuse d'acide chlorhydrique, en partant du chlore et de l'hydrogène gazeux, est de 38.750 cal.-gr.-degrés ; cette chaleur de

TABLEAU XII

Chaleurs d'ionisation des métaux

(exprimées en calories-grammes-degrés).

	POUR UN ATOME-GRAMME	POUR UNE VALENCE
Li	$+$ 62 900	$+$ 62 900
Rb	$+$ 62 600	$+$ 62 600
K.	$+$ 62 000	$+$ 62 000
Sr	$+$ 119 800	$+$ 59 900
Na	$+$ 57 400	$+$ 57 400
Ca	$+$ 109 500 (?)	$+$ 54 700 (?)
Mg	$+$ 109 000	$+$ 54 500
Al	$+$ 120 300	$+$ 40 100
AzH^4	$+$ 32 800	$+$ 32 800
Mn	$+$ 50 200	$+$ 25 100
Zn	$+$ 35 100	$+$ 17 500
Fe (ferreux).	$+$ 22 200	$+$ 11 100
Cd	$+$ 18 400	$+$ 9 200
Co	$+$ 17 000	$+$ 8 500
Ni	$+$ 16 000	$+$ 8 000
Fe (ferrique).	$+$ 9 300	$+$ 4 600
Sn (stanneux)	$+$ 3 300	$+$ 1 600
Pb	$-$ 500	$-$ 250
H.	$-$ 450	$-$ 450
Cu (cuivrique).	$-$ 15 800	$-$ 7 900
Hg (mercureux)	$-$ 19 800	$-$ 9 900
Ag	$-$ 25 300	$-$ 25 300

formation ne représente pas autre chose, d'après la théorie ioniste, que la chaleur résultant du passage de l'hydrogène et du chlore gazeux à l'état d'ions.

$$38.750 = j_{\mathrm{H}} + j_{\mathrm{Cl}},$$

d'où

$$j_{\mathrm{Cl}} = 38.750 - j_{\mathrm{H}} = 38.750 + 450 = 39.200 \text{ cal.-gr.-degr.}$$

Ostwald a ainsi trouvé :

Tableau XIII

Chaleurs d'ionisation des anions

(exprimées en calories-grammes-degrés).

	POUR UNE MOLÉCULE-GRAMME	POUR UNE VALENCE
HCO^3	+ 163 300	+ 163 300
HPO^4	+ 305 300	+ 152 600
HPO^2	+ 144 200	+ 144 200
S^2O^6	+ 278 800	+ 139 400
S^4O^6	+ 261 300	+ 130 600
HPO^3	+ 230 000	+ 115 000
SO^4	+ 214 500	+ 107 200
PO^4	+ 297 900	+ 99 300
CO^3	+ 161 200	+ 80 600
SO^3	+ 151 300	+ 75 600
SeO^4	+ 145 100	+ 72 500
AsO^4	+ 215 200	+ 71 700
S^2O^3	+ 138 900	+ 69 400
SeO^3	+ 119 800	+ 59 900
IO^3	+ 55 900	+ 55 900
OH	+ 54 500	+ 54 500
TeO^4	+ 98 500	+ 49 200
AzO^3	+ 49 000	+ 49 000
IO^4	+ 46 600	+ 46 600
Cl	+ 39 200	+ 39 200
TeO^3	+ 77 200	+ 38 600
Br	+ 28 200	+ 28 200
AzO^2	+ 27 000	+ 27 000
ClO	+ 26 100	+ 26 100
ClO^3	+ 23 400	+ 23 400
I	+ 13 100	+ 13 100
BrO^3	+ 11 200	+ 11 200
HS	+ 1 200	+ 1 200
S	— 12 700	— 6 300
Te	— 34 900	— 17 400
Se	— 35 600	— 17 800
ClO^4	— 38 700	— 38 700

Les chaleurs d'ionisation des anions et cations des colonnes relatives à une valence, dans les tableaux précédents, ont été classées par ordre décroissant. D'après les considérations qui précèdent, chaque élément de ces colonnes, pour l'un et l'autre tableau, peut précipiter tous les éléments qui le suivent et être précipité par tous les éléments qui le précèdent.

On voit que les chaleurs d'ionisation des métaux, c'est-à-dire les chaleurs relatives à leur passage à l'état d'ions dans les solutions complètement dissociées, sont indépendantes de la nature de l'anion de ces solutions. Nous retrouvons ainsi la loi dite de la constante thermique de Tommasi [1] qui est bien antérieure à la théorie des ions et qui s'énonce ainsi : Lorsqu'un métal se substitue à un autre dans une solution saline, le nombre de calories dégagées est, pour ce métal, toujours le même quelle que soit la nature du radical acide qui fait partie du sel. Cependant la loi de Tommasi n'est vraie que pour les solutions complètement dissociées.

Tension de dissolution électrolytique. Théorie des piles. — Si nous plongeons un métal quelconque dans un électrolyte contenant un de ses sels, il possédera une certaine tension de dissolution en vertu de laquelle il tendra à se dissoudre ; en même temps que s'exercera cette tension ou pression de dissolution, agira, dans un sens opposé, la pression osmotique des ions du métal en dissolution, qui tendra à précipiter sur le métal immergé les ions métalliques dissous. Cette pression osmotique augmentera au fur et à mesure que le métal se dissoudra jusqu'à ce qu'il y ait équilibre entre les deux pressions.

Examinons les phénomènes qui se produisent suivant que la tension de dissolution est plus grande ou plus petite que la pression osmotique ou qu'elle lui est égale. Soit P la tension de dissolution du métal, p la tension osmotique des ions-métal :

1° *La tension de dissolution est plus grande que la*

---

[1] Tommasi. *C. R.*, 2⊘; (1882).

pression osmotique (P > *p*). — Dans ce cas le métal se dissout, c'est-à-dire envoie en solution des ions de charge positive, si toutefois (voir p. 76 et suivantes) il reçoit cette charge, soit des ions-métal présents (lesquels se séparent alors à l'état métallique ou diminuent de valence), soit encore d'une source extérieure. En dehors du cas où l'on fait intervenir une source extérieure, le métal primitivement neutre prend une charge négative et le liquide se charge d'électricité positive.

Dans le cas que nous venons d'étudier, il se produit simultanément une pression osmotique qui croît et une pression de dissolution qui décroît jusqu'à ce qu'il y ait équilibre ; et alors :

2° *La pression de dissolution est égale à la pression osmotique* (P = *p*). — Dans cet état d'équilibre le métal plongé a conservé sa charge négative et le liquide sa charge positive.

Plongeons maintenant dans le même bain que le métal un conducteur inattaquable et relions-le au métal par un fil conducteur extérieur au liquide ; la charge négative du métal neutralisera par l'intermédiaire de ce conducteur la charge positive des ions-métal de la solution ; ces ions ainsi neutralisés se précipiteront à l'état métallique sur le conducteur inattaquable ; la pression osmotique *p* diminuera donc ; on aura de nouveau P > *p* ; l'équilibre sera rompu, le métal se dissoudra de nouveau et les ions qu'il enverra dans la solution se déchargeront à travers le conducteur en se précipitant à l'état métallique sur le conducteur inattaquable. Le métal enverra ainsi indéfiniment des ions en solution. Le métal et la solution auront constamment des charges de signe contraire qui se neutraliseront à travers le conducteur ; c'est-à-dire que le circuit sera le siège d'un courant électrique. On aura ainsi réalisé un *élément de pile*.

Par le fait de sa charge, le métal a un certain potentiel ; il en est de même du liquide. La différence de ces deux potentiels constitue la véritable source du courant dans un élément de pile ; c'est la *tension électrique* aux bornes de ce générateur de courant.

Nous avons supposé que, des deux métaux plongeant dans le même bain, un seul était attaquable ; supposons maintenant que les deux métaux soient attaquables par l'électrolyte. Le courant de l'élément de pile dépend alors de deux différences de potentiel, de celle qui existe entre le premier métal et le bain, et de celle qui existe entre le second métal et le bain ; ce qui revient à dire que le courant dépend de la différence des potentiels des deux métaux. Le courant circule, par définition, du métal ayant le plus haut potentiel à celui qui a le plus bas potentiel.

3° *La tension de dissolution est plus petite que la pression osmotique* $(\mathrm{P} < p)$. — Dans ce cas les ions-métal se précipitent à l'état métallique sur le métal plongé en lui *cédant leur charge positive*, si toutefois le métal plongé reçoit une charge négative destinée à neutraliser cette charge positive. C'est le cas, par exemple, de la lame de cuivre de la pile Daniell qui plonge dans une solution de sulfate de cuivre, lorsque cette lame est reliée par un conducteur extérieur, à l'autre pôle constitué par une lame de zinc chargé négativement. C'est encore le cas de la catode dans une cuve électrolytique quelconque.

Le tableau suivant indique les tensions de dissolution calculées par Le Blanc ([1]) (voir note V) et exercées par les métaux plongeant dans des solutions à 1 molécule-gramme par litre d'un de leurs sels

---

([1]) LE BLANC, *Lehrbuch der Elektrochemie* (1896), p. 185.

complètement dissocié. La pression osmotique p des ions-métal y est donc égale à 22,35 atmosphères. Le Blanc a adopté, pour p, afin de simplifier les calculs la valeur 22 atmosphères.

Les métaux de cette colonne ont été classés par ordre décroissant de tensions de dissolution rapportées à une valence, de telle sorte que chaque métal de cette colonne, peut précipiter tous les éléments qui le suivent et être précipité par tous les éléments qui le précèdent. C'était également le cas des métaux du tableau XII qui sont rangés dans le même ordre, à part le fer et le cadmium dont les rangs sont interchangés, ce qui provient d'une dissociation incomplète.

TABLEAU XIV

Tensions de dissolution exercées par un métal dans la solution d'un de ses sels complètement dissocié, pour une concentration de 1 molécule-gramme par litre.

Zinc	$9,9 \times 10^{18}$ atmosphères
Cadmium.	$2,7 \times 10^{6}$ —
Fer	$1,2 \times 10^{4}$ —
Cobalt	$1,9 \times 10^{0}$ —
Nickel	$1,3 \times 10^{0}$ —
Plomb	$1,1 \times 10^{-3}$ —
Hydrogène	$9,9 \times 10^{-4}$ —
Cuivre	$4,8 \times 10^{-20}$ —
Mercure	$1,1 \times 10^{-16}$ —
Argent	$2,3 \times 10^{-17}$ —
Palladium	$1,5 \times 10^{-36}$ —

CHAPITRE II

Tension électrique.

La tension du bain et la tension de polarisation. — La tension électrique E nécessaire au fonctionnement de l'électrolyse se compose de deux parties :

1. La tension ir nécessaire à vaincre la résistance du bain ; cette tension que nous appellerons *tension du bain* varie avec les dimensions de la cuve et des électrodes ainsi qu'avec l'intensité du courant.

2. La tension e nécessaire à faire passer à l'état moléculaire les ions du bain sur les électrodes, et dans le cas où l'anode est soluble, les éléments de l'anode dans le bain à l'état d'ions. Cette tension, qui a son siège aux électrodes ou, comme on dit encore, aux *pôles* de la cuve, est appelée *tension de polarisation*.

Elle est la somme de deux tensions, l'une ε_a relative à l'anode, l'autre ε_c relative à la catode. La tension e est indépendante des dimensions de la cuve et des électrodes ainsi que de l'intensité du courant.

On a, pour la tension électrique E nécessaire au fonctionnement de l'électrolyse :

$$E = ir + e.$$

Tension de polarisation entre une électrode et son électrolyte qui contient un de ses sels. — Quand un métal plonge dans un électrolyte qui contient un de ses sels, la tension de dissolution P peut, comme nous l'avons vu, être plus grande ou plus petite que la pression osmotique p des ions de ce métal qui sont en solution, elle peut encore lui être égale. Nous allons voir ce qu'est la tension de polarisation à l'électrode pour ces trois cas :

$$P > p \qquad P < p \qquad \text{et} \qquad P = p.$$

$P > p$. Dans ce cas, si la tension de dissolution P s'exerce jusqu'à ce que, par suite de la dissolution du métal, elle fasse équilibre à la pression osmotique p, le travail nécessaire à ce passage des ions de la pression P à la pression p est précisément égal au travail électrique maximum que peut fournir le système.

On démontre, en Thermodynamique, qu'une molécule-gramme de gaz qui passe de la pression P à la pression p, à *température constante*, fournit un travail :

$$\mathcal{C} = RT \log_e \frac{P}{p},$$

T représentant la température absolue; R étant la constante des gaz ; $R = 0,847$, le travail étant exprimé en kilogrammètres.

Cette formule relative aux gaz s'applique également aux ions. Il en résulte que l'on a pour le travail électrique que peut fournir une molécule-gramme du corps immergé, à température constante

$$\mathcal{C} = RT \log_e \frac{P}{p} \text{ kilogrammètres,}$$

où, si l'on remplace les kilogrammètres par des joules (1 kilogrammètre $= 9,81$ joules) et la valeur $\mathcal{C}$ par l'expression εQ, ε étant la tension électrique existant entre le métal et la solution :

$$\varepsilon Q = R \times 9,81 \times T \log_e \frac{P}{p} \text{ joules,}$$

d'où

$$(13) \qquad \varepsilon = \frac{9,81}{Q}\, RT \log_e \frac{P}{p}\, \text{volts.}$$

C'est la *formule de Nernst*.

Cette formule exprime que la *tension électrique* ou différence de potentiel existant entre l'électrode métallique et l'électrolyte est réglée par *le rapport de la tension de dissolution de cette électrode à la pression osmotique que possède l'ion métallique correspondant dans l'électrolyte.*

Mais, puisqu'il ne s'agit que d'une molécule-gramme d'ions, $Q = 96.537 \times n$, n étant la valence de l'ion, et l'on a :

$$\varepsilon = \frac{9,81}{96.537 \times n}\, RT \log_e \frac{P}{p},$$

ou, en remplaçant R par sa valeur 0,847 :

$$\varepsilon = \frac{9,81 \times 0,847}{96.587 \times n}\, T \log_e \frac{P}{p},$$

ou enfin

$$\varepsilon = \frac{0,0000861}{n} \times T \log_e \frac{P}{p}.$$

A la température ordinaire (17°), $T = 273 + 17 = 290$; substituons cette valeur dans l'expression précédente et remplaçons les logarithmes naturels par les logarithmes de Brigg ([1]), on trouve

$$\varepsilon = \frac{0,0575}{n}\, \log \frac{P}{p}\, \text{volts.}$$

ε augmente en progression arithmétique, alors que p diminue en progression géométrique. Si nous

---

[1] Rappelons que pour cela il suffit de diviser par 0,4343.

réduisons p ou, ce qui revient au même, la concentration des ions au dixième de sa valeur, ε augmente de $\dfrac{0,0575}{p}$ volts ; pour l'argent, par exemple ($n = 1$), ε augmente de $0,0575$ volt ; pour le cuivre ($n = 2$), ε augmente de $0,0288$ volt. On voit par là que ε est assez indifférent à l'égard des changements de concentration qui ne sont pas trop considérables.

$P < p$. L'expression de ε reste la même que dans le cas précédent, mais ε est négatif.

$P = p$. La formule devient alors :

$$\varepsilon = 0.$$

Nous donnons plus loin (note IV) une méthode de mesure de ε et un tableau de ses valeurs pour différents métaux plongeant dans la solution d'un de leurs sels.

Tensions de polarisation entre deux métaux qui sont chacun en contact avec un de leurs sels. Théorie des piles réversibles. — Soient P la tension de dissolution de l'un de ces métaux, p la pression osmotique de ses ions dans l'électrolyte, n leur valence. Soient de même P', p', n', les valeurs correspondantes de l'autre métal. L'expression de ε que nous avons donnée précédemment pour le cas d'un seul métal, peut être appliquée à l'un et à l'autre des métaux du nouveau système ; on a ainsi pour la tension électrique entre les deux métaux

$$c = \varepsilon - \varepsilon' = \frac{0,0575}{n} \log \frac{P}{p} - \frac{0,0575}{n'} \log \frac{P'}{p'}$$

à la condition de négliger la tension électrique, d'ailleurs très faible, existant entre les deux liquides.

Nous ne discuterons pas cette formule ; nous indiquerons seulement quelques cas présentant un intérêt particulier dans la pratique.

1. La formule de Nernst s'applique aux piles réversibles ([1]), en particulier à la pile constituée par deux métaux *différents*, chacun en contact avec un de leurs sels, comme cela se présente dans l'élément de Daniell. Celui-ci est constitué, comme on sait, par une lame de zinc plongeant dans du sulfate de zinc non saturé, et par une lame de cuivre plongeant dans du sulfate de cuivre saturé, les deux liquides étant séparés par une paroi poreuse. Supposons le circuit fermé : le zinc se dissout en envoyant des ions-zinc en solution ; il se charge ainsi négativement ainsi que la lame de cuivre avec laquelle il est relié extérieurement par un conducteur métallique ; cette lame de cuivre enlève donc aux ions-cuivre leur charge positive tandis que ces ions se précipitent sur elle à l'état moléculaire. La tension électrique aux bornes de la pile est donnée par la formule de Nernst ; p représente la pression osmotique des ions-zinc, p' celle des ions-cuivre.

Dans la pile de Daniell, exprimons e en fonctions des concentrations c_1 et c_2 des ions-zinc et des ions-cuivre, au lieu de l'exprimer en fonction des pressions osmotiques p et p' de ces ions. On a, en désignant par δ_1, et δ_2 les degrés de dissociation des solutions :

$$e = \frac{0,0575}{2}\left(\log \frac{p}{\delta_1 c_1} - \log \frac{p'}{\delta_2 c_2} \right)$$

ou

$$e = \frac{0,0575}{2}\left(\log \frac{p}{p'} - \log \frac{\delta_1 c_1}{\delta_2 c_2} \right).$$

D'après cette expression, la tension électrique aux

___

([1]) Les piles *réversibles* sont telles que les phénomènes chimiques ou physiques dont elles sont le siège changent de signe en conservant leur valeur absolue quand on renverse le sens du courant.

bornes de l'élément Daniell doit diminuer si on diminue la concentration c_2 des ions-cuivre ; ou encore si on augmente la concentration des ions-zinc. On peut même en réduisant suffisamment la concentration c_2 des ions-cuivre faire changer de signe à e ; c'est-à-dire que le courant au lieu de circuler du zinc au cuivre, circulera du cuivre au zinc. C'est ce qu'a réalisé Nernst [1] en ajoutant au sulfate de cuivre de la pile de Daniell du cyanure de potassium. Dans ces conditions, en effet, la presque totalité des ions-cuivre disparaît, pour faire place aux ions-complexes $\overline{(CAz)}'$ Cu ; une très petite quantité de cuivre reste seulement à l'état d'ions $\overset{++}{Cu}$.

2° Appliquons la formule de Nernst aux piles dites *de concentration*, c'est-à-dire aux piles constituées par deux solutions du même sel ayant des concentrations différentes et dans chacune desquelles plonge une lame du métal correspondant à ce sel. On a $P = P'$ et la formule de Nernst se réduit à :

$$e = \frac{0,0575}{n} \log \frac{p'}{p},$$

ou, si l'on appelle c et c' les concentrations des deux solutions, δ et δ' leurs degrés de dissociation :

$$e = \frac{0,0575}{n} \log \frac{\delta' c'}{\delta c}.$$

Ainsi, dans les piles de concentration, la *nature* des ions ne joue aucun rôle dans la valeur de e, la *concentration* seule des ions ainsi que leur valence agissent. Tous les ions monovalents donnent le même résultat. Ainsi par exemple, l'élément :

Hg | SO^{4}Hg^2 centi-normal ‖ SO^{4}Hg^2 déci-normal | Hg

---

[1] Nernst. *Berl. Ber.*, XXX (1897), 1547.

possède la même tension aux bornes que l'élément :

$$Ag \mid AzO^3Ag \text{ centi-normal} \parallel AzO^3Ag \text{ déci-normal} \mid Ag.$$

3° Les piles que nous venons d'étudier étant réversibles, la formule de Nernst s'applique à ces piles considérées non plus comme générateurs mais comme cuves électrolytiques. La tension à vaincre pour le fonctionnement de l'électrolyse est e (dont la valeur aura changée de signe), à condition de ne pas tenir compte de la tension ri provenant de la résistance intérieure r de la cuve, tension qu'on peut d'ailleurs rendre aussi petite que l'on veut en diminuant suffisamment l'intensité i du courant.

$(e + ri)$ représente la tension électrique totale à vaincre aux bornes d'une cuve électrolytique quelconque, la valeur de e étant donnée par la formule de Nernst.

Appliquons la formule de Nernst au système constitué par deux lames du même métal plongeant dans la même solution d'un de ses sels, par exemple deux lames de cuivre plongeant dans une même solution de sulfate.

Ce cas se présente fréquemment en électro-métallurgie. C'est le cas de l'électrolyse avec anode soluble, la catode étant constituée par le même métal que l'anode, ou ce qui revient au même par un autre métal déjà recouvert électrolytiquement du métal de l'anode.

On a :

$$P = P', \qquad p = p'; \qquad \text{et} \qquad e = 0.$$

La tension de polarisation est donc nulle et la tension électrique à vaincre aux bornes de la cuve pour produire l'électrolyse se réduit à ri.

Ici le courant a pour effet de transporter du cuivre d'une des lames à l'autre ; il se dissout autant de cuivre à l'anode qu'il s'en précipite à la catode.

Tension de polarisation aux bornes d'une cuve électrolytique. — Nous venons d'examiner le cas des *cuves électrolytiques à anode soluble*, et de plus, réversibles.

Pour connaître la tension de polarisation e de cuves électriques quelconques, réversibles ou non, à électrodes solubles ou insolubles, on en est réduit à exprimer que le travail électrique (eQ) nécessaire à vaincre cette tension et exprimé en calories est égal à la quantité de chaleur W dégagée ou absorbée par les réactions chimiques qui se produisent par suite de la formation de l'électrolyte. De l'équation ainsi obtenue on déduit la valeur de e en fonction de W.

Le travail électrique, exprimé tout d'abord en kilogrammètres, est $\dfrac{eQ}{9,81}$, puisque 1 joule représente $\dfrac{1}{9,81}$ kilogrammètres; exprimé en calories-grammes-degrés, il a pour valeur $\dfrac{eQ}{0,425 \times 9,81}$, puisque 0,425 kilogrammètre équivaut à 1 calorie-gramme-degré. On a donc :

$$W = \frac{eQ}{0,425 \times 9,81} = \frac{eQ}{4,17} \text{ cal.-gr.-degrés,}$$

d'où :

$$e = \frac{W \times 4,17}{Q}.$$

Si W représente la chaleur de formation d'une molécule-gramme, $Q = 96.537 \times n$ coulombs, n étant la valence des ions.

Et l'on a pour e :

$$e = \frac{W \times 4,17}{96.537 \times n}$$

ou, toutes réductions faites,

$$c = \frac{W}{n} \times \frac{1}{23.067} \text{ volts} ;$$

telle est la *formule de Thomson*. Nous verrons plus loin, à propos des *chaleurs secondaires,* que cette formule, de même que la formule de Nernst n'est *pas complète.* Mais auparavant il est indispensable que nous donnions quelques développements sur la nature de la chaleur W des réactions chimiques.

Chaleur de réaction. — On sait que toutes les réactions chimiques sont accompagnées d'un changement d'énergie potentielle des corps en réaction. Ce changement d'énergie se traduit :

1° Par un dégagement ou une absorption de chaleur ω_0, suivant que la réaction est exothermique ou endothermique ; ω_0 se mesure au calorimètre ;

2° Par une variation de volume, entraînant un travail extérieur positif ou négatif ; ce travail extérieur résulte de ce que le volume varie sous pression, généralement sous la pression atmosphérique. Si nous exprimons le volume en litres et la pression en kilogrammes par mètre carré, ce travail, sous la pression atmosphérique, sera représenté par $(v - v')$ 10,34 kilogrammètres. Or, une calorie-gramme-degré correspond à 0,425 kilogrammètre ; donc l'équivalent thermique ω_1 du travail extérieur, a pour expression :

$$\omega_1 = \frac{(v - v_1)\, 10,34}{0,425} \text{ cal.-gr.-degrés.}$$

La chaleur de réaction W s'exprimera donc par :

$$W = \omega_0 + \omega_1.$$

Cette expression ne dépend que de l'état initial et de

l'état final des substances ; elle est indépendante des réactions intermédiaires.

Dans un grand nombre de réactions on peut négliger ω_1 ; mais dans un certain nombre d'autres, ω_1 a une valeur importante, lorsque, par exemple, ces réactions sont accompagnées de formation de gaz. Supposons, par exemple, qu'il se forme une quantité d'hydrogène égale à son poids moléculaire ; on a pour ω_1 la valeur :

$$\omega_1 = \frac{22,35 \times 10,34}{0,425} = 543 \text{ cal.-gr.-degrés } (^1).$$

Nous n'aurons à considérer que les chaleurs de réaction de corps en dissolution. Il ne faut pas oublier que la chaleur de réaction ω_0, qui correspond à une molécule-gramme du corps considéré, dépend de la concentration. En effet, la chaleur ω_0 comprend la chaleur d'ionisation du corps qui dépend elle-même de son degré de dissociation. Il en résulte que la chaleur ω_0 d'un corps n'est déterminée que lorsqu'on connaît le degré de dissociation de celui-ci.

Chaleur secondaire. — La formule de Nernst qui donne l'expression de e (ou de ε) en fonction de la tension osmotique des ions, ainsi que la formule de Thomson qui exprime e en fonction de la chaleur de formation de l'électrolyte ne sont ni l'une ni l'autre parfaitement exactes. Elles sont en effet des traductions incomplètes du principe de la conservation de l'énergie $(^2)$.

La formule de Nernst a été, en effet, obtenue en sup-

---

(1) Vogel. *Loc. cit.*, p. 29 et 30.
(2) P. Janet. *Éclairage électrique* du 12 octobre 1895, p. 49.

posant que le principe de la conservation de l'énergie est réalisé par la relation :

Energie électrique = Travail osmotique des ions à température constante.

Mais, de même que pour les gaz, les changements de pression osmotique des ions entraînent des changements de température, et le principe de la conservation de l'énergie sera réalisé quand nous aurons formulé la relation :

Energie électrique = Travail osmotique des ions à température constante + Energie thermique.

La formule de Thomson est, elle aussi, la traduction incomplète du principe de la conservation de l'énergie. Celui-ci a, en effet, été traduit par la relation :

Energie électrique = Chaleur de formation de l'électrolyte (¹).

Mais cette transformation ne se fait pas sans variation de température. La traduction complète du principe de la conservation de l'énergie est la suivante :

Energie électrique = Chaleur de formation de l'électro-lyte + Energie thermique (²).

Cette énergie thermique supplémentaire peut être positive ou négative, c'est-à-dire que pendant la transformation des énergies le système peut émettre de la chaleur ou au contraire en absorber (c'est ce que l'expérience confirme). Dans le premier cas, il s'é-

---

(1) Nous faisons abstraction de l'énergie calorifique ri^2t (loi de Joule) qui peut d'ailleurs, pour une intensité suffisamment petite, être rendue négligeable.

(2) P. JANET. *Loc. cit.*

chauffe et le travail de décomposition est plus petit que celui qui correspond à la formation de chaleur. L'énergie thermique supplémentaire ou *chaleur secondaire* est égale à la quantité de chaleur qu'il faut enlever ou fournir au système pour que sa température reste constante.

La formule de Nernst corrigée devient donc, ω étant l'énergie thermique supplémentaire ou *chaleur secondaire* :

$$(14) \qquad \varepsilon = \frac{0,0575}{n} \log. \frac{P}{p} + \frac{\omega}{n \times 23.067}.$$

La tension correspondant à ω est en effet $\dfrac{\omega}{n \times 23.067}$ (voir p. 98) pour l'électrolyse d'une molécule-gramme.

La formule de Thomson corrigée devient, ω' étant la *chaleur secondaire*.

$$(15) \qquad e = \frac{1}{n \times 23.067} (W + \omega').$$

Calcul de la chaleur secondaire. — La chaleur secondaire n'a pu être calculée jusqu'ici que pour les phénomènes réversibles. Nous allons indiquer ce calcul pour la formule de Nernst (qui, nous l'avons vu, ne s'applique qu'aux phénomènes réversibles), et pour la formule de Thomson dans le cas des piles réversibles. Nous arriverons ainsi à la même valeur pour l'une et l'autre formule.

Prenons la formule de Nernst sous sa forme :

$$(a) \qquad \varepsilon = \frac{9,81}{96537 \times n} \, RT \log_e \frac{P}{p}.$$

Différentions cette expression par rapport à T :

$$(b) \qquad \frac{d\varepsilon}{dT} = \frac{9.81 \times R}{96537 \times n} \left[T \frac{d \log_e \frac{P}{p}}{dT} + \log_e \frac{P}{p} \right]$$

$$(c) \qquad \frac{d \log_e \frac{P}{p}}{dT} = \frac{1}{P} \frac{dP}{dT}.$$

Or, la formule de Clapeyron, en thermodynamique, permet de calculer la valeur de $\dfrac{dP}{dT}$. La formule de Clapeyron s'applique, en effet, aux transformations réversibles dans lesquelles la pression est fonction seulement de la température. On démontre en thermodynamique, qu'appliquée à la vaporisation, la formule de Clapeyron prend la forme :

$$\lambda = \frac{T}{J} \frac{dP}{dT} (u' - u)$$

λ étant la chaleur latente de vaporisation, c'est-à-dire la quantité de chaleur nécessaire pour faire passer l'unité de masse du corps de l'état liquide à l'état de vapeur saturante sans changer de température ; J étant l'équivalent mécanique de la chaleur ; u' et u étant les volumes de l'unité de masse du liquide et de la vapeur saturante ; $u'-u$ représente donc la variation de volume pendant la vaporisation de l'unité de masse du corps.

Appliquée au passage de l'état métallique à l'état d'ions, ces ions ayant une masse d'une molécule-gramme, la formule de Clapeyron a la signification suivante : λ est la chaleur nécessaire pour faire passer une molécule-gramme du corps de l'état moléculaire à l'état d'ions ; c'est donc la *chaleur d'ionisation* que nous désignons par la lettre j ; P est la tension de dissolution du métal, $u'-u$ représente la variation du volume pendant l'ionisation de la molécule-gramme. Cette variation de volume est donnée, comme nous le savons, par la formule : $PV = RT$, d'où :

$$u' - u = V = \frac{RT}{P} .$$

En substituant cette valeur de $u'-u$ dans la formule de Clapeyron, appliquée aux ions, nous aurons pour $\dfrac{dP}{dT}$ la valeur suivante :

$$\frac{dP}{dT} = \frac{jJP}{RT^2} .$$

Substituons cette nouvelle valeur dans l'équation (c); nous aurons :

$$\frac{d \log_e \dfrac{P}{p}}{dT} = \frac{jJ}{RT^2} .$$

Substituons cette valeur dans l'équation (b), nous aurons :

$$\frac{d\varepsilon}{dT} = \frac{9,81\,R}{96\,537 \times n}\left[\frac{jJ}{RT} + \log_e \frac{P}{p}\right]$$

ou en remplaçant J par sa valeur 0,425

$$\frac{d\varepsilon}{dT} = \frac{9,81 \times 0,425}{96.537 \times n}\,\frac{j}{T} + \frac{9,81 \times R}{96.537 \times n}\,\log_e \frac{P}{p}.$$

Mais la deuxième partie du second membre de cette égalité n'est autre, d'après (a), que $\frac{\varepsilon}{T}$, on a donc, toutes réductions faites

$$\frac{d\varepsilon}{dT} = \frac{1}{n \times 23\,067}\,\frac{j}{T} + \frac{\varepsilon}{T},$$

d'où :

(d)
$$\varepsilon = \frac{j}{n} \times \frac{1}{23.067} + T\frac{d\varepsilon}{dT}.$$

Dans le cas des piles réversibles, la pile Daniell par exemple, on a pour la tension aux bornes $e = \varepsilon - \varepsilon'$, et la formule précédente devient

$$e = \frac{j - j'}{n} \cdot \frac{1}{23\,067} + T\frac{de}{dT}.$$

Mais $j - j'$, différence des deux chaleurs d'ionisation, est égale à la chaleur de réaction W. On a donc

(16)
$$e = \frac{W}{n}\,\frac{1}{23.067} + T\frac{de}{dT}\;(1).$$

Cette formule, comparée à celle de Thomson

$$e = \frac{W}{n}\,\frac{1}{23.067}$$

indique que le *facteur correctif correspondant à l'énergie thermique est* $T\frac{de}{dT}$, dans le cas des piles réversibles. Il en résulte d'après l'équation (15) de la page 101 que l'on a :

$$\frac{w'}{n \times 23.067} = T\frac{de}{dT}$$

---

(1) OSTWALD. *Loc. cit.*, p. 858.

et, pour la *chaleur secondaire*,

$$(17) \qquad w = T \, \frac{de}{dT} \times n. \, 23.067.$$

Pour une seule électrode d'une pile réversible, *le facteur correctif est* $T \, \frac{d\varepsilon}{dT}$, et la *chaleur secondaire* est :

$$(17\,bis) \qquad \omega = T \, \frac{d\varepsilon}{dT} \times n \times 23.067.$$

Ainsi l'énergie thermique supplémentaire ainsi que le facteur correctif qui en résulte pour les formules de Nernst et de Thomson ont la même expression pour l'une et l'autre formule.

Les formules de Nernst et de Thomson corrigées sont donc :

$$(14\,bis) \qquad \varepsilon = \frac{0,0575}{n} \log \frac{P}{p} + T \frac{d\varepsilon}{dT}$$

et

$$(16) \qquad e = \frac{W}{n} \, \frac{1}{23.067} + T \frac{de}{dT}.$$

C'est Helmholtz qui a trouvé le premier la valeur $T \frac{de}{dT}$ du facteur thermique relatif aux piles réversibles, aussi conserverons-nous à ce facteur le nom de *facteur correctif d'Helmholtz.*

La voie qu'a suivie ce savant est différente de la précédente, bien qu'il se soit basé aussi sur les principes de la thermodynamique. Tout en appliquant les mêmes principes, nous suivrons cependant une voie un peu différente :

Exprimons la quantité de chaleur dw qu'il faut fournir à l'élément pour produire une transformation infiniment petite à l'aide de deux variables indépendantes : la température T (température absolue) et la quantité d'électricité Q qui a traversé la pile,

$$(a) \qquad dw = adT + ldQ,$$

a et l étant fonctions des variables indépendantes T et Q. Il nous reste à appliquer les deux principes fondamentaux de la thermodynamique, c'est-à-dire à écrire :

1° Que la différentielle de l'énergie potentielle (dU) de la pile est une différentielle exacte ;

2° Que la différentielle de l'entropie (dS) est une différentielle exacte.

Les deux équations donnent la valeur de l et par suite la valeur de dw à température constante, soit $dw = ldQ$.

1° La variation de l'énergie potentielle de la pile est exprimée en vertu du principe de l'équivalence par :

$$(b) \qquad dU = Jdw - d\mathfrak{S},$$

J étant l'équivalent mécanique de la chaleur. Mais $d\mathfrak{S} = cdQ$; l'équation (b) devient donc, toutes substitutions faites,

$$dU = Jadl + (Jl - c)\,dQ.$$

Exprimons que dU est une différentielle exacte.

$$\frac{\partial(Ja)}{\partial Q} = \frac{\partial(Jl - c)}{\partial T}$$

ou :

$$(c) \qquad J\frac{\partial a}{\partial Q} = J\frac{\partial l}{\partial T} - \frac{\partial c}{\partial T}.$$

2° Formons maintenant la différentielle de l'entropie :

$$dS = \frac{dw}{dT} = \frac{a}{T}\,dT + \frac{l}{T}\,dQ.$$

Exprimons que dS est une différentielle exacte :

$$\frac{\partial\left(\dfrac{a}{T}\right)}{\partial Q} = \frac{\partial\left(\dfrac{l}{T}\right)}{\partial T}$$

ou :

$$(e) \qquad \frac{\partial a}{\partial Q} = \frac{\partial l}{\partial T} - \frac{l}{T}.$$

Entre les équations (c) et (e) éliminons la quantité $\dfrac{\partial l}{\partial T} - \dfrac{\partial a}{\partial Q}$.

Il vient :

$$l = \frac{T}{J}\,\frac{\partial c}{\partial T}.$$

En nous reportant à l'équation (a) on voit que pour maintenir constante la température de la pile ($dT = 0$), quand la quantité d'électricité dQ la traverse en produisant un courant d'intensité infiniment petit (condition de réversibilité), il faut lui fournir une quantité de chaleur :

$$dw = \frac{T}{J}\,\frac{\partial e}{\partial T}\,dQ$$

qui n'est autre que la chaleur secondaire.

Si l'on veut exprimer w en calories-grammes-degrés, e en volts et Q en coulombs, il faut multiplier ectte expression par $\dfrac{1}{9,81}$ et intégrer, ce qui donnera

$$f)\qquad w = \frac{1}{9,81}\,\frac{T}{J}\,\frac{\partial e}{\partial T}\,Q \text{ cal.-gr.-degrés.}$$

ou, en remplaçant J par sa valeur $0,425$:

$$(f')\qquad w = \frac{T}{4,17}\,\frac{\partial e}{\partial T}\,Q \text{ cal.-gr.-degrés.}$$

ou, en remplaçant Q par $n \times 96.537$:

$$w = T\,\frac{\partial e}{\partial T} \times n \times 23.067 \text{ cal.-gr.-degrés.}$$

Nous retombons ainsi sur la même expression que celle trouvée précédemment (17).

La chaleur secondaire dans le cas des piles réversibles *rapportée à une molécule-gramme* a donc pour expression : $w = T\dfrac{de}{dT} \times n\,23.067$ et pour une seule électrode : $\omega = T\dfrac{d\varepsilon}{dT} \times n\,23.067$. D'une façon plus générale, si l'on se rappelle (voir p. 97) que 23.067 n'est autre que le rapport $\dfrac{96.537}{4,17}$, et si l'on remplace la quantité $96.537 \times n$ qui ne se rapporte qu'à une seule molécule-gramme par la quantité Q, on a pour la chaleur secondaire relative à une quantité quelconque d'électrolyte :

$$w = T\,\frac{de}{dT} \times \frac{Q}{4,17}$$

et pour une seule électrode :

$$\omega = T \frac{d\varepsilon}{dT} \times \frac{Q}{4,17}.$$

La chaleur secondaire des piles réversibles est donc proportionnelle : 1° à la température absolue; 2° à $\frac{\partial e}{\partial T}$ c'est-à-dire à la variation thermique de la tension de polarisation de la pile. — Si $\frac{\partial e}{\partial T}$ est positif, et c'est le cas général, la pile considérée dans son ensemble tend à se refroidir, quand un courant la traverse dans le sens déterminé par sa tension ; il faut lui fournir de la chaleur pour maintenir sa température constante. Quand $\frac{\partial e}{\partial T}$ est négatif, elle tend à s'échauffer, il faut lui enlever de la chaleur pour maintenir sa température constante.

Quand $\frac{\partial e}{\partial T}$ est positif la tension électrique augmente quand la température s'élève ; c'est l'inverse qui se produit quand $\frac{\partial e}{\partial T}$ est négatif.

REMARQUE. — Il peut se faire que W varie avec la température; c'est ce qui se passe notamment pour la pile Cd | CdSO⁴ ‖ CuSO⁴ | Cu où le sulfate de cadmium a une chaleur de décomposition variable avec la température. En effet :

à   0° (Cd, O, SO³aq) = 86.920 cal.-gr.-degrés
à 20° (Cd, O, SO³aq) = 89.880   —

Il se produirait, d'après Jahn ([1]), avec l'élévation de

[1] JAHN. *Zeit. f. phys. chem.*, XVIII (1895), p. 412 et 413.

la température une molécule polymérisée $Cd^2(SO^4)^2$, absorbant de la chaleur pour sa formation.

Dans cette pile le coefficient $\dfrac{\partial e}{\partial T}$ étant très faible, il se trouve que e ne dépend pratiquement que de W.

Vérification expérimentale du terme correctif $T\dfrac{\partial e}{\partial T}$.

— La formule (16) dite formule de Thomson-Helmholtz a été vérifiée expérimentalement par plusieurs savants, notamment par Bouty et par Jahn. Voici quelques résultats obtenus par Jahn :

La pile $Pb \mid Pb(AzO^3)^2 \parallel Ag^2(AzO^3)^2 \mid Ag^2$ donne par la dissolution de 1 molécule-gramme de plomb (206,4 gr.), à 0° :

42.872 cal. pour la chaleur W correspondant au courant (W = $ne \times 23.067$, e étant la tension observée), et 50.900 cal. pour la chaleur correspondant aux phénomènes chimiques.

La différence de ces deux valeurs (— 8028 cal.-gr.-degrés) représente donc la chaleur secondaire ; c'est-à-dire que l'on a :

$$- 8028 = 2 \times 273 \times 23.067 \frac{\partial e}{\partial T},$$

d'où, pour le coefficient de température :

$$\frac{\partial e}{\partial T} = - 0,000640 \text{ volt}$$

tandis que l'expérience donne la valeur presque identique,

$$\frac{\Delta e}{\Delta T} = - 0,000632 \text{ volt}.$$

Δe et ΔT étant des différences finies ($e - e'$ et $T - T'$) de tensions électriques et de températures.

Un exemple de coefficient de température, positif cette fois, est donné par la pile Pb | Pb(C²H³O²)² ‖ Cu | (C²H³O²)² dont, à la température de 0°, la chaleur correspondant au courant est de 21.684 cal. et la chaleur correspondant aux phénomènes chimiques de 17.533 cal. La chaleur secondaire est donc de + 4151 cal.-gr.-degrés, ce qui donne au coefficient de température $\dfrac{\partial e}{\partial T}$ la valeur + 0,000 331 volt, tandis que l'expérience donne $\dfrac{\Delta e}{\Delta T} = + 0,000\ 385$.

La plupart des éléments galvaniques ont un coefficient de température négatif.

Le tableau suivant résume les résultats empiriques obtenus par Jahn :

TABLEAU XV

Coefficients de températures de différentes piles réversibles.

	$\dfrac{\partial e}{\partial T}$	e à 0°
	en volts.	en volts.
Cu|CuSO⁴+100 H²O‖ZnSO⁴ + 100 H²O | Zn	+ 0,000031	1,0962
Cu|Cu (C²H³O²)² aq. ‖ Pb (C²H³O²)²+ 100H²O|Pb	+ 0,000385	0,4764
Ag² | Ag²Cl² ‖ ZnCl² + 100 H²O | Zn	— 0,000409	1,0306
Ag² | Ag²Cl² ‖ ZnCl² + 50 H²O | Zn	— 0,000210	1,0171
Ag² | Ag²Cl² ‖ ZnCl² + 25H²O | Zn	— 0,000202	0,9740
Ag² | Ag²Br² ‖ ZnBr²+ 25 H²O | Zn	— 0,000106	0,8409
Ag² | Ag² (AzO³)² + 100 H²O ‖ Pb (AzO³)² + 100 H²O | Pb	— 0,000632	0,9320
Ag² | Ag² (AzO³)² + 100 H²O ‖ Cu (AzO³)² + 100 H²O | Cu	— 0,000708	0,4580

Les piles étalons doivent avoir des coefficients de température aussi petits que possible si l'on ne veut pas avoir à les maintenir à température constante.

L'étalon Daniell

(Cu | CuSO⁴ + 100 H²O ‖ ZnSO⁴ + 100 H²O | Zn)

a un faible coefficient de température ($+$ 0,0000 34).
L'étalon Clark

$$(Zn \mid ZnSO^4 \parallel Hg^2 \mid Hg^2SO^4)$$

a un coefficient relativement fort ($-$ 0,00117). L'étalon
Hubbert-Clark

$$(Zn \mid HgCl^2 \parallel Hg^2SO^4 \mid Hg^2)$$

a un coefficient très faible ($+$ 0,00001).

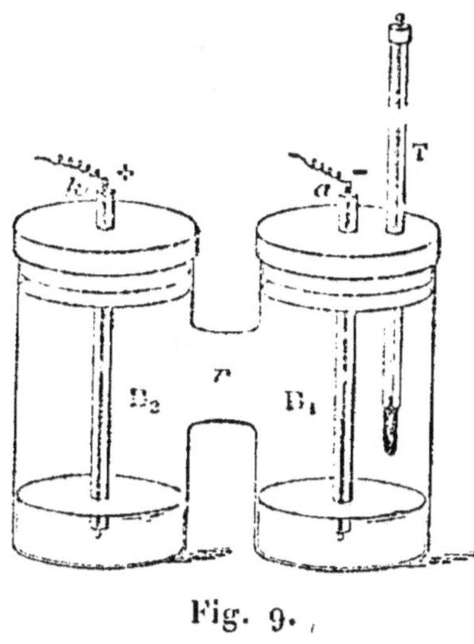

Fig. 9.

Bugarsky [1] a imaginé une pile, à coefficient de température *positif* très élevé, qui peut servir comme appareil de démonstration à prouver d'une façon frappante l'influence de la chaleur extérieure sur la tension électrique de la pile. Cette pile est constituée par deux vases communiquant B_1 et B_2 dont les fonds sont recouverts de mercure ; on les remplit avec une solution normale de nitrate de potasse. Le tout est situé dans un bain-marie ; la cathode K et l'anode a sont reliées par l'intermédiaire d'un galvanomètre. On introduit dans le vase B_2 du chlorure mercureux un peu aggloméré avec quelques cristaux de chlorure de potassium, puis dans le vase B_1 un petit morceau de potasse. Les indications du galvanomètre sont très différentes quand on fait varier la température du bain-marie. D'après les mesures de Bugarsky, en effet, la tension aux bornes de cette pile est de 0,1483 volt à 0° et de 0,1846 volt à 43°,3 ; il en résulte pour le coefficient de température la valeur

$$\frac{\partial c}{\partial T} = \frac{0,1846 - 0,1483}{43,3} = + 0,000\,838 \text{ volt.}$$

Le fonctionnement chimique de la pile est donné par la réaction :

$$2\,KOH + 2\,HgCl = Hg^2O + H^2O + 2KCl.$$

Le nitrate de potasse joue le rôle d'électrolyte indifférent. Le mercure du vase B_1 se couvre d'oxydule brun Hg^2O comme l'indique la réaction précédente.

---

(1) BUGARSKY. *Zeit. f. anorg. chem.*, XIV, 145-163.

Siège de la chaleur secondaire. — Où peut être le siège de la chaleur secondaire, dans une cuve électrolytique ou une pile quelconques, réversibles ou non ? La loi de Joule s'appliquant aux électrolytes, comme l'expérience l'a prouvé, la chaleur secondaire ne peut pas se produire dans la masse même du liquide. *Elle ne peut donc se produire qu'aux surfaces de contact entre les électrodes et les électrolytes* [1]. Il se produit là un phénomène qui rappelle l'*effet Peltier* [2].

Nous rappelons que si l'on désigne par Π la quantité de chaleur, positive ou négative, dégagée par seconde à la soudure qui sépare deux conducteurs métalliques, pour un courant égal à l'unité, on a [3] :

$$(a) \qquad \Pi = \frac{T}{J}\,\frac{\partial \varepsilon}{\partial T}.$$

Pour un temps de passage θ et une intensité I, la chaleur résultant de l'effet Peltier est :

$$w = \Pi I \theta = \frac{T}{J}\,\frac{\partial \varepsilon}{\partial T}\, I\theta$$

ou

$$(b) \qquad w = \frac{T}{4,17}\,\frac{\partial \varepsilon}{\partial T}\, Q \text{ cal.-gr.-degrés.}$$

L'effet Peltier est un phénomène réversible et Bouty a démontré que les formules (a) et (b) qui précèdent et qui se rapportent à l'effet Peltier, s'appliquent également *aux électrodes dont le métal est le même que celui de l'électrolyte* (dans ce cas on a, en effet, affaire à des phénomènes réversibles). En particulier, les formules (a) et (b) s'appliquent aux pôles positifs et négatifs des piles réversibles; dans ce cas, la chaleur w résultant

---

(1) P. JANET. *Loc. cit.*

(2) Nous rappelons que l'*effet Peltier* consiste dans l'échauffement ou le refroidissement que subissent, par le passage du courant, les points de contact des deux conducteurs.

(3) BOUTY. *Loc. cit.*, p. 151-153.

de l'effet Peltier s'obtient en faisant la somme des chaleurs Peltier w_a et w_c à chaque pôle, ce qui donne. puisque $\varepsilon_a + \varepsilon_c = c$:

$$w = \frac{T}{4,17}\,\frac{\partial e}{\partial T}\,Q.$$

Cette expression est, comme on le voit, identique à l'expression déjà donnée pour la chaleur secondaire dans le cas des phénomènes réversibles, ce qui confirme au moins pour les phénomènes électriques réversibles, que la chaleur secondaire ne peut se produire qu'aux surfaces de contact entre les électrodes et les électrolytes.

La chaleur secondaire ayant son siège aux électrodes, on distinguera deux chaleurs secondaires : celle qui se produit à l'anode (w_a) et celle qui se produit à la catode (w_c) :

$$w = w_a + w_c.$$

Mesure de la chaleur secondaire [2]. — Soit une solution de sulfate de cuivre à $\frac{1}{2}$ molécule-gramme par litre, entre deux électrodes inattaquables ; la quantité de chaleur résultant de la décomposition par le courant d'une molécule-gramme de sulfate de cuivre, à la

---

(1) JAHN. *Zeit. f. phys. chem.*, XVIII (1895), p. 412 et 413.

(2) C'est Bouty qui, le premier, a mesuré les chaleurs secondaires. Il se servait, comme électrodes, de thermomètres dont les réservoirs étaient recouverts par voie galvanique du métal à étudier. Après les lectures, on transformait les indications du thermomètre-électrode en mesures calorimétriques, ce qui exigeait la détermination de la quantité absolue de chaleur qu'il fallait verser à la surface du réservoir du thermomètre placé au sein du liquide pour élever la température de 1°. On y parvenait en entourant le réservoir d'une spirale isolée de résistance connue, que l'on échauffait à l'aide d'un courant, par une quantité de chaleur connue et pendant une durée égale à celle des observations. Bouty trouva ainsi que le dégagement de chaleur à une anode en cuivre dans une solution concentrée de nitrate de cuivre est égal à 0,508 cal. par seconde, tandis que par le calcul, à l'aide de la formule de Peltier (voir p. 111) il trouva 0,528 cal. (JAMIN et BOUTY. *Cours de physique*, 4ᵉ édit., IV, p. 240-242).

température de $20°$ est, c_{20} étant la force électromotrice déterminée à $20°$,

$$W_{20} = 2 \times 23.067 \times c_{20} = 67.890 \text{ cal.-gr.-degrés.}$$

Mais, puisque la chaleur de combinaison du sulfate de cuivre (Cu,O,SO^3aq) n'est que de 55.960 cal., on a pour la chaleur secondaire :

$$w = 67.890 - 55.960 = 11.930 \text{ cal.-gr.-degrés.}$$

D'autre part, la chaleur secondaire à la catode, résultant du passage de 2×96.540 coulombs de l'électrolyte vers la catode de cuivre est donnée par l'expression (voir p. 104),

$$w_c = 2 \times 23.067 \; T \; \frac{\partial \varepsilon}{\partial T}.$$

Or $\dfrac{\partial \varepsilon}{\partial T} = -0,000\,756$ (moyenne des déterminations de Bouty et Gockel); il en résulte pour w_c la valeur :

$$w_c = -10.070 \text{ calories.}$$

Cette quantité de chaleur correspond donc au dépôt de 1 molécule-gramme de cuivre; par suite, on a pour la chaleur secondaire à l'anode

$$w_a = +11.930 - (-10.070) = +22.000 \text{ cal.-gr.-degrés.}$$

Dans le tableau XVI on trouvera quelques autres valeurs de w_a, w_c et w pour quelques sels à la température de $20°$. Les concentrations se rapportent à 1 équivalent par litre. Dans le même tableau on trouvera les moyennes des déterminations des coefficients $\dfrac{\partial \varepsilon}{\partial T}$ faites par Bouty et Gockel, ainsi que les valeurs de ε trouvées par Neumann. La mesure de ε peut se faire suivant la page 149 (note IV); quant au coefficient $\dfrac{\partial \varepsilon}{\partial T}$, on le mesure en plongeant dans un électrolyte deux électrodes constituées par le même métal que celui de la solution (par exemple deux lames de cuivre dans une solution de sulfate de cuivre) et en maintenant une des lames à une température différente de l'autre. Le coefficient $\frac{d\varepsilon}{dT}$ est naturellement déterminé pratiquement par des différences finies de température, ce qui est admissible.

Calcul des chaleurs d'ionisation (2e méthode). — Nous avons déjà indiqué plus haut (p. 81) une première méthode de détermination des chaleurs d'ionisation, où les éléments reçoivent pour passer à l'état d'ions et entrer en solution, une charge électrique empruntée aux ions qui se trouvent déjà en solution. Cette charge peut aussi être empruntée à une source extérieure; nous avons alors affaire à une électrolyse. Considérons une anode métallique plongeant dans la solution d'un de ses sels, par exemple une anode de cuivre plongeant dans une solution de sulfate de cuivre. L'énergie calorifique qui résulte du passage d'une quantité déterminée d'électricité Q au travers de la surface de séparation de deux métaux (effet Peltier) est égale à

$$\varepsilon Q \times \frac{1}{4,17} \text{ cal.-gr.-degrés;}$$

4,17 est l'équivalent calorifique de l'énergie électrique et ε la tension électrique qui existe entre ces deux métaux. Cela est vrai, pour des conducteurs métalliques, *mais non pas pour le cas qui nous occupe*, c'est-à-dire pour un conducteur métallique en contact avec un conducteur constitué par un électrolyte. L'énergie calorifique résultant du passage de Q coulombs d'une anode métallique dans la solution d'un sel de même métal, est égale à $\varepsilon Q \times \dfrac{1}{4,17}$ *diminuée de la chaleur d'ionisation j absorbée pour la formation des ions qui sont envoyés en solution.* On a donc :

$$(a) \qquad w_a = \frac{\varepsilon Q}{4,17} - j \text{ cal.-gr.-degrés ;}$$

mais, d'après ce que nous avons vu :

$$w_a = \frac{T}{4,17} \frac{\partial \varepsilon}{\partial T} Q ;$$

par suite :

$$j = \frac{Q}{4,17} \left(\varepsilon - T \frac{\partial \varepsilon}{\partial T} \right)$$

et, pour une molécule-gramme d'ions de valeur n envoyés en solution :

$$j = \frac{n \times 96.537}{4,17} \left(\varepsilon - T \frac{\partial \varepsilon}{\partial T} \right)$$

ou

$$j = 23.067 \, n \left(\varepsilon - T \frac{\partial \varepsilon}{\partial T} \right).$$

Cette expression aurait pu être aussi obtenue directement de l'équation (d) de la page 103 :

$$\varepsilon = \frac{j}{n} \times \frac{1}{23\,067} + T \frac{\partial \varepsilon}{\partial T}$$

équation obtenue par l'application de la formule thermodynamique de Clapeyron (voir p. 102 et suiv.). On trouvera dans le tableau suivant quelques valeurs de j. Les valeurs des colonnes 5, 6, 7 et 8 se rapportent à la température de 20°, à une concentration de 1 équivalent par litre. Les chaleurs sont exprimées en calories-grammes-degrés :

Les chaleurs d'ionisation indiquées dans ce tableau correspondent à la chaleur absorbée (affectée dans ce cas du signe —) ou dégagée (affectée dans ce cas du signe +) à l'anode, du fait du passage du métal à l'état d'ions. A la catode, l'ion redevient métal et la chaleur qui résulte de cette transformation est de signe contraire

TABLEAU XVI

Chaleurs secondaires et chaleurs d'ionisation.

| | MASSE de métal séparé en gr. | 1 CHALEURS de combinaison. | 2 | 3 | 4 | 5 | | | 6 | 7 | 8 |
			ANODES insolubles		CHALEURS secondaires totales à 0°.	CHALEURS SECONDAIRES à 20°.			ANODES SOLUBLES		
			c_0	c_{20}		totale	catod.	anodique	ε	$\dfrac{\partial \varepsilon}{\partial T}$	Chaleurs d'ionisation
Sulfate de cuivre	63.7	$(Cu_2O,SO^3,aq.) = 55960$	1.57	1,49	16 570	11 930	—10070	+22 000	—0,585	—0,000756	—16 470
— zinc .	65.0	$(Zn.O.SO^3.aq.) = 106090$	2,62	2,55	13 290	10 100	—10170	+20270	+0,524	—0,000763	+33 950
— cadm.	112.0	$(Cd,O,SO^3.aq.) = 89880$ (à 20°)	2,33	2,25	16 280	12 640	— 8770	+21 410	+0,162	—0,000658	+16 120
Nitrate de plomb	207.0	$(Pb_2O.Az^2O^5,aq.) = 68070$	2,03	1,96	24 425	21 190	— 2430	+23620	—0,079	—0,000182	— 1160
— argent	108.0	$(Ag^2,O,Az^2O^5,aq) = 16780$	1,10	1,04	8 280	6913	+ 1175	+ 5738	—1,055	—0,000176	—22873
— cuivre	63.7	$(Cu_2O,Az^2O^5,aq.) = 52410$	1,56	1,49	18 670	15 480	—10070	+25550	—0,585	—0,000756	—16 470

à la première. Ainsi une molécule-gramme de cuivre (63 gr. 7) qui passe de l'état métallique à l'état d'ions en absorbant 16.470 cal., dégage en se déposant à la catode la même quantité de chaleur 16.470 cal.

Les chaleurs secondaires à la catode, ont été déterminées expérimentalement par Jahn [1] et trouvées d'accord avec les valeurs calculées du tableau précédent.

Les chaleurs d'ionisation j sont, pour des solutions complètement dissociées, indépendantes de la nature de l'anion entrant dans l'électrolyte ; nous verrons plus loin que ε présente la même indépendance. Il en résulte que $\dfrac{\partial \varepsilon}{\partial T}$ doit être indépendant de l'anion. C'est ce qu'indiquent les résultats, obtenus par Bouty, du tableau suivant :

TABLEAU XV

Coefficients de température $\dfrac{\partial \varepsilon}{\partial T}$.

	$\dfrac{\partial \varepsilon}{\partial T}$		$\dfrac{\partial \varepsilon}{\partial T}$
Sulfate de cuivre. .	0,000757	Chlorure de cadmium	0,000677
Acétate de — . .	0,000774	Sulfate de —	0,000658
Chlorure de zinc. .	0,000766	Nitrate de —	0,000697
$(d = 1,05$ à $1,1)$			
Sulfate de zinc. . .	0,000766	Chlorure de platine .	0,000808
Nitrate — . .	0,000762	Nitrate mercureux. .	0,000154
Acétate — . .	0,000832	Chlorure d'or. . . .	0,000026

Les écarts obtenus dans ce tableau, pour un même métal, sont surtout dus à une dissociation incomplète des solutions employées.

D'après ce qui précède si l'on se reporte à l'expression :

$$ \varepsilon = T \frac{\partial \varepsilon}{\partial T} Q \times \frac{1}{4,17}, $$

---

qui donne la chaleur secondaire à la catode ou à l'anode, l'une et l'autre étant constituées par le même métal que celui de l'électrolyte, on voit que les chaleurs secondaires sont indépendantes de la nature de l'anion. Elles sont proportionnelles à la température absolue et dépendent de la concentration de l'électrolyte ; elles doivent croître en même temps que la concentration.

REMARQUE. — D'après l'expression (a) de la page 115, la chaleur secondaire aux pôles des piles réversibles, la pile Daniell, par exemple, est :
pour l'anode :

$$w'_a = \frac{\varepsilon Q}{4,17} - j,$$

pour la catode :

$$w'_c = \frac{\varepsilon' Q}{4,17} - j',$$

d'où

$$\varepsilon - \varepsilon' = \frac{4,17}{Q}\left[(w'_a - w'_c) + (j - j')\right].$$

Mais

$$w'_a = T\,\frac{\partial \varepsilon}{\partial T}\,Q \times \frac{1}{4,17}, \qquad w'_c = T\,\frac{\partial \varepsilon'}{\partial T}\,Q \times \frac{1}{4,17};$$

en substituant ces valeurs dans l'expression précédente et faisant toutes les réductions, on a

$$\varepsilon - \varepsilon' = \frac{j - j'}{n} \times \frac{1}{23,067} + T\,\frac{\partial \varepsilon - \partial \varepsilon'}{\partial T}.$$

Or $\varepsilon - \varepsilon' = c$, tension électrique aux bornes de la pile, donc

$$c = \frac{j - j'}{n} \times \frac{1}{23,067} + T\,\frac{\partial c}{\partial T}.$$

Mais $j - j'$, différence des chaleurs d'ionisation du zinc et du cuivre, représente, d'après ce que nous avons dit plus haut (p. 81 et 82) la chaleur provenant de la décomposition du sulfate de cuivre par le zinc ; $j - j'$, n'est donc pas autre chose que la chaleur W des réactions chimiques de la pile Daniell. Substituons cette valeur de $j - j'$ dans l'expression précédente, il vient :

$$(16) \qquad e = \frac{W}{n} \times \frac{1}{23,067} + T \frac{\partial e}{\partial T}.$$

Nous retombons ainsi une fois de plus sur la formule de Thomson-Helmholtz.

Courant de polarisation et tension de polarisation. — Soit une cuve électrolytique à laquelle est appliquée une force électromotrice suffisante pour assurer l'électrolyse du système ; nous supposerons que les deux électrodes soient inattaquables par l'électrolyte et qu'elles soient recouvertes des éléments (gazeux, liquides ou solides) séparés par le courant. Supprimons la source du courant et fermons la partie extérieure du circuit par un galvanomètre ; nous constaterons la présence d'un courant opposé au premier ; ce courant, dit *courant de polarisation*, est plus faible que le premier et la tension aux bornes de la cuve est appelée *tension de polarisation*.

Cette tension n'est autre que celle que nous avons apprise à calculer par les formules de Nernst et de Thomson corrigées. En effet, la présence de ce courant secondaire est dû à ce que chaque élément séparé qui entoure les électrodes possède une certaine tension de dissolution, qui tend à le faire repasser dans l'électrolyte à l'état d'ions. Dès qu'on supprime le courant primaire, cette tension produit son effet et engendre le courant de polarisation.

Soit E la tension électrique amenée aux bornes par le courant primaire, e la tension due au courant de polarisation, on a d'après la loi d'Ohm :

$$1 = \frac{E - e}{r} \text{ d'où } E = 1r + e.$$

*Le courant primaire ne peut traverser une cuve élec-
trolytique d'une façon durable que si sa tension est plus
grande que la tension de polarisation.*

La tension de polarisation peut se mesurer par la
méthode suivante, due à Max Le Blanc. On fait varier
le courant qui traverse le bain de façon à rendre son
intensité toujours plus faible; au moment précis où il
devient nul, on a :

$$\frac{E - e}{r} = 0 \text{ d'où } E = e.$$

La tension e doit être considérée comme étant la
somme des tension z_a et z_c à l'anode et à la catode.

Avec cette méthode, Le Blanc [1] a trouvé les valeurs
suivantes pour des concentrations de 1 molécule-gramme
par litre :

TABLEAU XVII

Tensions de polarisation.

1° Sels

$ZnSO^4$ = 2,35 volts.	$Cd(AzO^3)^2$ = 1,98 volts.
$ZnBr^2$ = 1,80 —	$CdSO^4$ = 2,03 —
$NiSO^4$ = 2,09 —	$CdCl^2$ = 1,88 —
$NiCl^2$ = 1,85 —	$CoSO^4$ = 1,92 —
$Pb(AzO^3)^2$ = 1,52 —	$CoCl^2$ = 1,78 —
$AgAzO^3$ = 0,70 —	

2° Acides

H^2SO^4 = 1,67 volts.	$C^2O^4H^2$ = 0,95 volts.
$HAzO^4$ = 1,69 —	HBr = 0,91 —
H^3PO^4 = 1,70 —	HI = 0,52 —
HCl = 1,31 —	

3° Bases

$NaOH$ = 1,69 volts.	AzH^3 = 1,74 volts.
KOH = 1,67 —	

---

(1) Le Blanc. *Zeit. f. phys. chem.*, VIII (1891), p. 299.

CHAPITRE III

Tensions de polarisation et séparation des métaux.

Principes généraux. — Il résulte des considérations qui précèdent les principes suivants :

1. *Tout sel métallique, de même que tout acide et toute base, en solution aqueuse, se séparent électrolytiquement sous l'influence d'une tension minima déterminée égale à la tension de polarisation. Cette tension varie avec la nature du sel, avec sa température, ainsi qu'avec sa concentration.*

2. *Étant données, en solution, différentes sortes d'anions et de cations (et c'est le cas de presque tous les électrolytes), il y a phénomène d'électrolyse lorsque la tension électrique appliquée est suffisante pour mettre en liberté à la fois l'un des cations et l'un des anions présents dans l'électrolyte.*

C'est Max Le Blanc qui a établi ce principe [1]; Berthelot l'avait établi avant lui sous une autre forme indépendante de toute hypothèse [2] et plus générale, puisqu'il tenait compte non seulement des réactions dites primaires mais des réactions dites secondaires.

Berthelot a établi que « la décomposition des électrolytes s'opère dès que la plus petite somme des énergies nécessaires, c'est-à-dire prévue d'après les quantités de

---

[1] Le Blanc. *Zeit. f. phys. chem.*, XII, 97.
[2] Berthelot. *Journ. de physique*, 2ᵉ série, t. I, p. 5 (1882).

chaleur, est présente ». La plus petite force électromotrice produit la réaction qui absorbe la plus petite quantité de chaleur possible ; les réactions qui en absorbent davantage ne se produisent que pour des forces électromotrices plus considérables. Ainsi, avec 34.000 calories par équivalent, le sulfate ferreux donne : fer, acide sulfurique et oxygène ; avec 47.000 calories, il se forme de l'oxyde de fer, de l'acide sulfurique, de l'hydrogène, de l'oxygène, et en outre du fer, comme dans la première réaction.

Avec le sulfate manganeux, la plus faible force électromotrice qui produit un courant permanent (37.000 calories ou 1,60 volt) donne naissance à un dépôt de bioxyde de manganèse à l'anode, et à un dégagement d'hydrogène à la catode.

Avec 2,997 volts (60.900 calories), il se forme de l'acide sulfurique, de l'oxygène et du manganèse et en outre du bioxyde de manganèse, comme dans la première réaction [1].

Les sels de plomb, d'argent, de bismuth, de nickel et de cobalt, sont également susceptibles de donner des dépôts d'oxydes à l'anode, quand on emploie des électrodes insolubles.

D'après le principe 2 il suffira de dresser un tableau des tensions de polarisation anodiques et catodiques, pour prévoir quels seront pour une tension électrique donnée e, les anions et les cations qui se sépareront. Il est évident que ce sont les groupes d'anions et de cations pour lesquels la tension de polarisation (composée de la somme des tensions anodique et catodique) sera inférieure à e. On utilise cette importante remarque pour la séparation et le dosage des métaux par

---

[1] BERTHELOT. *Loc. cit.*

voie électrolytique. On trouvera dans le tableau suivant quelques valeurs de tensions anodiques et catodiques mesurées par Nernst[1] par une méthode que nous décrirons plus loin (p. 126). Les tensions se rapportent à des concentrations normales, c'est-à-dire à $\frac{P}{n}$ grammes par litre, P étant le poids de la molécule-gramme de l'élément et n sa valence.

TABLEAU XVIII

Tensions électriques pour des concentrations normales (valeurs trouvées par Nernst) [2].

A LA CATODE		A L'ANODE	
$\overset{+}{Ag}$	— 0,78	$\overline{I}$	0,52
$\overset{++}{Cu}$	— 0,34	$\overline{Br}$	0,94
$\overset{+}{H}$	0,0	$\overline{O}$	1,08
$\overset{++}{Pb}$	+ 0,17	$\overline{Cl}$	1,31
$\overset{++}{Cd}$	+ 0,38	$\overline{OH}$	1,68
$\overset{++}{Zn}$	+ 0,74	$\overline{\overline{SO^4}}$	1,9
		$\overline{HSO^4}$	2,6

Les tensions de polarisation de toutes les combinaisons d'ions peuvent être aisément déduites des chiffres indiqués plus haut. Le bromure de zinc, par exemple, exige pour la séparation de ses ions en *concentration normale* :

$$0,94 + 0,74 = 1,68 \text{ volt.}$$

L'acide chlorhydrique exige :

$$1,31 + 0 = 1,31 \text{ volt.}$$

Il est aisé de voir que l'argent et le cuivre sont

---

(1) NERNST. *Loc. cit.*

(2) NERNST. *Berl. Ber.*, XXX (1897), 1547.

faciles à séparer l'un de l'autre par l'électrolyse puisque leurs tensions diffèrent d'environ 0,5 volt. La séparation électrolytique de l'iode et du brome paraît également exécutable en principe, de même que celle du brome et du chlore.

Les valeurs du tableau précédent permettent encore de voir que non seulement l'électrolyse de l'iodure d'argent en solution normale n'exigerait aucune force électromotrice, mais qu'elle fournirait au contraire 0,26 volt puisque

$$0,52 - 0,78 = - 0,26.$$

C'est là évidemment un cas purement hypothétique puisque l'iodure d'argent est pratiquement insoluble dans l'eau. Mais l'intérêt de ce calcul est précisément de faire prévoir l'insolubilité de l'iodure d'argent stable ([1]).

3. *Étant donné un mélange de plusieurs sels métalliques dissociés contenus dans une cuve électrolytique, et ayant le même acide, l'ordre de précipitation de ces métaux à la catode, lorsqu'on fait croître progressivement la tension aux bornes est le même quels que soient les radicaux acides des sels et se présente ainsi : or, platine, palladium, argent, mercure, cuivre, arsenic, antimoine, bismuth, hydrogène, plomb, étain, nickel, fer, cadmium, zinc, manganèse, aluminium, magnésium.*

Ce principe n'est vrai que pour des concentrations voisines de 1 molécule-gramme de métal par litre. Ce n'est que lorsque les concentrations de certains métaux s'en écartent très notablement que l'ordre peut changer, comme l'indique la formule de Nernst (voir p. 92).

L'ordre précédent n'est autre que l'ordre croissant

([1]) NERNST. *Loc. cit.*

de leurs tensions catodiques (voir tableau XIX, p. 151). Ces métaux abandonnent d'autant plus facilement l'état d'ions pour passer à l'état de métal, que leur tension est plus faible. Les tensions sont très faibles pour l'or, le platine, l'argent, très fortes pour le fer et le zinc.

Nous voyons que l'ordre des *tensions électriques* (tableau XIX) est le même que celui des *chaleurs d'ionisation* rapportées à une seule valence (tableau XII), et que celui des *tensions de dissolution* (tableau XIV). Dans cet ordre chaque métal est susceptible de précipiter ceux qui le suivent et d'être précipité par ceux qui le précèdent.

4. *Si l'on classe les métaux dans l'ordre inverse du précédent, on a l'ordre dans lequel entrent en dissolution ces métaux avec une anode qui serait un alliage de ceux-ci.*

Les conditions dans lesquelles ce principe est rigoureusement vrai sont les mêmes que pour le principe précédent.

Ce quatrième principe découle de la loi de Nernst. En effet la tension de dissolution des métaux, d'après la formule de Nernst, est donnée par l'expression :

$$\log. \mathrm{P} = \frac{n\,\varepsilon}{0{,}0575} + \log p.$$

5. *Lorsque dans un électrolyte contenant plusieurs sels métalliques, on ne veut précipiter qu'un métal déterminé il faut rendre la concentration des ions de ce métal aussi grande que possible par rapport à celle des autres métaux y compris l'hydrogène.*

C'est là encore une conséquence de la formule de Nernst. En effet, il faut dans une électrolyse que les métaux étrangers au métal à précipiter aient une tension ε' aussi grande que possible par rapport à la tension ε du métal à déposer, de façon que les variations de concentration ou même de température qui peuvent se produire au cours de l'électrolyse, ne puissent pas changer le sens de l'inégalité $\varepsilon' > \varepsilon$. Cette inégalité peut s'écrire d'après la formule de Nernst (p. 92).

$$\frac{0,0000861}{n'} \, T \log_e \frac{P'}{p'} > \frac{0,0000861}{n} \, T \log_e \frac{P}{p}$$

ou

$$\sqrt[n']{\frac{P'}{p'}} > \sqrt[n]{\frac{P}{p}}$$

inégalité qui indique que pour précipiter un métal déterminé à l'état pur, il faut faire p aussi grand que possible par rapport à p', autrement dit rendre la concentration de ses ions aussi grande que possible par rapport à celle des autres métaux.

Ces principes s'appliquent également aux anions quand il n'y a pas de réactions dites secondaires.

Expériences de Nernst et Glaser relatives aux mesures des tensions de polarisation anodiques et catodiques [1]. — Pour mesurer séparément les tensions de polarisation à l'anode et à la catode, Nernst et Glaser se servent d'un circuit constitué par un galvanomètre très sensible, une force électromotrice variable et la cuve électrolytique. Celle-ci consiste en un vase dans lequel plongent deux électrodes ainsi constituées : un fil de platine isolé sur toute sa longueur par une masse de verre fondu, la pointe seule émerge et forme l'électrode ; l'autre électrode est une grande lame de platine. On fait croître progressivement la tension électrique aux bornes de la cuve.

---

(1) NERNST. *Loc. cit.*

L'intensité du courant, dans ces conditions, dépend surtout de la tension de polarisation à la pointe de platine, en effet le dégagement d'un gaz à cette pointe ainsi que la précipitation d'un métal se font sentir par une variation brusque de l'intensité Quant à la tension de polarisation sur la grande lame formant l'autre électrode, elle influe peu sur l'intensité. On a ainsi un moyen d'examiner séparément et d'une façon très nette les phénomènes qui ont leur siège à la catode et à l'anode.

C'est avec cette méthode d'une grande sensibilité que Nernst et Glaser ont démontré, dans les solutions aqueuses, non seulement la présence des ions déjà connus $\overset{+}{H}$ et $\overline{OH}$ mais encore celle des ions $\overline{\overline{O}}$, de sorte que la dissociation de l'eau n'affecterait pas seulement la forme :

$$H^2O = 2\overset{+}{H} + \overline{OH},$$

mais encore la suivante :

$$H^2O = \overset{+}{H^2} + \overset{=}{O}.$$

Les résultats des expériences relatives à cette démonstration sont résumés dans les figures 10 et 11, On a fait croître la tension électrique aux bornes graduellement et on a tracé la courbe de l'intensité du courant en fonction de la tension e de polarisation. Le graphique de la figure 10 représente la tension de polarisation catodique de la pointe de platine dans l'acide sulfurique et dans la potasse de concentrations normales. Avec le premier liquide, on obtient un coude très prononcé à 1,08 volt et, de fait, il est possible avec cette force électromotrice d'obtenir de l'hydrogène et de l'oxygène, si l'on met, comme c'est le cas ici, à la disposition de ce dernier gaz une électrode de grande surface. Avec la potasse le coude situé à 1,08 est beaucoup moins prononcé, probablement parce que cet électrolyte contient beaucoup moins d'ions $\overset{+}{H}$ que

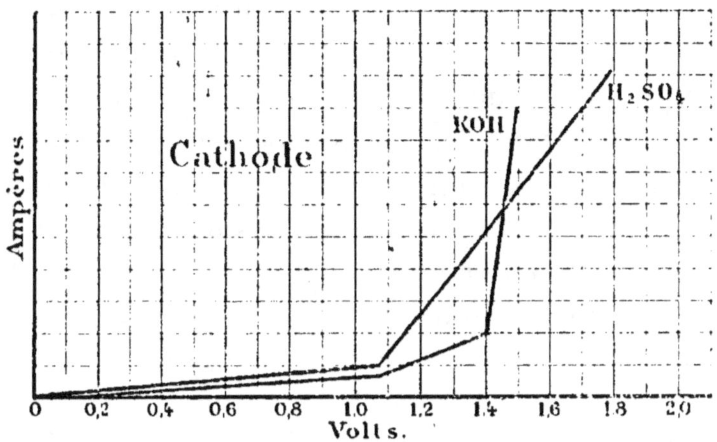

Fig. 10.

l'acide sulfurique. A 1,40 volt : nouveau coude, avec la potasse, et c'est précisément à ce point que le potassium est mis en liberté, probablement sous forme d'alliage potassium-hydrogène.

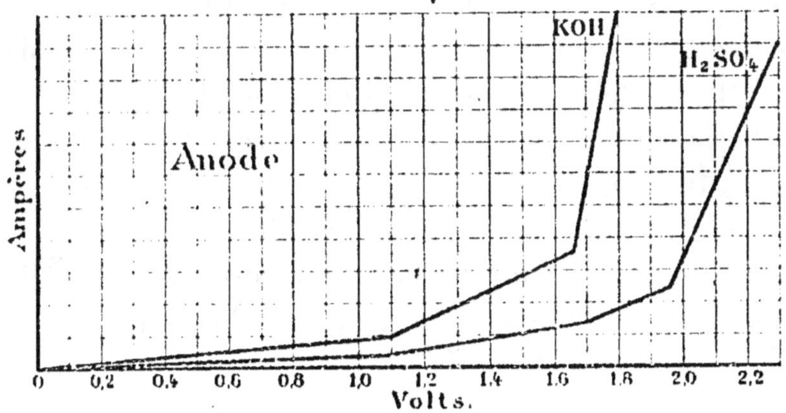

Fig. 11.

Le diagramme de la figure 11 montre la tension de polarisation anodique de la pointe de platine. Nous trouvons encore ici, aussi bien dans le cas de l'acide

sulfurique que dans celui de la potasse, un coude situé à
1,08 volt, mais il en existe un autre beaucoup plus prononcé à 1,68 volt. Or la potasse contient peu d'ions $\overset{=}{O}$
et beaucoup d'ions $\overline{OH}$. Par conséquent, on peut attribuer le premier coude, peu prononcé, aux ions $\overset{=}{O}$ et le
deuxième aux ions $\overline{OH}$. Dans l'acide sulfurique les
ions $\overset{=}{O}$ sont en très petit nombre, les ions $\overline{OH}$ un peu
plus abondants et l'accentuation des deux coudes cor-
respondants est en rapport avec cette différence, tout
en étant moins prononcée que celle des deux coudes
correspondants de la potasse. La figure 11 indique
pour la tension de polarisation anodique de l'acide sulfurique, outre les deux points déjà indiqués, un troisième
point pour l'ion $\overset{=}{SO^4}$. Un quatrième pour l'ion SO^4H n'a
pu être obtenu qu'en solution très concentrée.

RÉMARQUE. — Les chiffres du tableau XVIII se rapportent à une concentration normale des ions. Si
la concentration est réduite au dixième de sa valeur,
comme nous l'avons vu, ces chiffres augmentent de
$\dfrac{0,058}{n}$ volt, n étant la valeur chimique des ions consi-
dérés. Il résulte de cette remarque que dans les solutions aqueuses d'acide ou de base, les concentrations
des ions $\overset{+}{H}$ et $\overline{OH}$ sont beaucoup trop faibles pour qu'on
puisse réaliser une électrolyse sensible avec 1,68 volt ;
dans une solution acide nous avons trop peu d'ions $\overline{OH}$
et dans une solution alcaline trop peu d'ions $\overset{+}{H}$.

LIVRE IV

ENERGIE ÉLECTRIQUE

CHAPITRE PREMIER

Énergie en jeu dans une électrolyse.

Energie totale. — L'énergie totale en jeu dans une électrolyse est représentée par le produit de la tension électrique aux bornes de la cuve par la quantité d'électricité qui passe, soit par EQ.

Mais $E = ir + e$, donc l'énergie totale peut se représenter par l'expression :

$$\mathcal{C} = (ir + e)\,Q,$$

ou, en appelant t le temps de passage du courant, par

$$\mathcal{C} = (ir + e)\,it = i^2 rt + eit.$$

Nature de l'énergie. — D'après l'expression précédente l'énergie $\mathcal{C}$ comprend deux parties :

Le travail $i^2 rt$ et le travail eit.

Le travail $i^2 rt$ se traduit par de l'*énergie calorifique*; c'est le travail relatif au transport des ions au sein du bain.

Le travail eit ou *travail de polarisation* a son siège aux électrodes.

Il comprend lui-même :

1. Le travail de *précipitation des ions* à l'état de molécules sur les électrodes et le travail de *dissolution de l'anode* quand celle-ci est soluble.

2. Le travail relatif à l'*effet Peltier*, qui se traduit par ce que nous avons appelé *la chaleur secondaire*.

Le travail de polarisation comprend encore des travaux de valeurs beaucoup plus faibles et qui sont les suivants :

3. Le travail relatif à la *dissolution des gaz* dans les électrodes et *à la formation de bulles de gaz aux électrodes*. Dans une électrolyse avec électrodes insolubles, en effet, les gaz qui se dégagent aux électrodes, à l'anode généralement, sont plus ou moins *solubles* [1] dans les électrodes. Cette solubilité varie avec la nature de celles-ci et, pour des électrodes de même nature, avec leur état physique (degré de poli, etc.). Il y aura, de ce chef, une certaine énergie dépensée ou produite. D'autre part les *bulles de gaz* qui adhèrent aux électrodes et qui proviennent d'ions déchargés électriquement se sont formées sous une certaine pression aux dépens de l'énergie électrique, et la pression de ces bulles ainsi que leur volume varient avec la nature physique des électrodes. L'énergie relative à la dissolution des gaz et à la formation des bulles influe sur la valeur de la tension de polarisation e; c'est pourquoi *un même bain* peut présenter de légères variations de tension de polarisation avec des électrodes insolubles suivant la nature et l'état physique de celles-ci.

4. Le travail résultant de la *pression exercée par les dépôts sur les électrodes*, et tout particulièrement sur

---

(1) Voir JAHN. *Zeit. f. phys. chem.*, XXVI (1898), 385.

la catode. Bouty (¹), qui a fait une étude sur ce sujet, a démontré que la pression exercée par le dépôt métallique sur la catode croît avec la durée pendant laquelle le courant passe et avec l'intensité du courant.

5. Le travail résultant de la *différence de concentration* de l'électrolyte, aux deux électrodes. Nous avons vu, en effet, qu'une différence de concentration peut produire une contre-tension très appréciable qui s'oppose à la tension qu'on applique aux bornes de la cuve (voy. Piles de concentration, p. 95). On annule cette influence en agitant suffisamment le liquide. Cet effet peut se produire aussi bien avec des électrodes solubles qu'avec des électrodes insolubles; seulement avec des électrodes insolubles, le facteur qui est influencé, c'est la résistance r du bain, car il ne se produit pas dans ce cas de **contre-tension**.

Capacité de polarisation. — Pour établir entre les électrodes d'une cuve électrolytique quelconque une certaine tension électrique, il faut, comme l'ont démontré les expériences de Blondlot, fournir préalablement à cette cuve une certaine quantité d'électricité, qu'on peut mesurer au galvanomètre balistique et qui dépend de la capacité électrique du système. Cette capacité a été désignée sous le nom de *capacité de polarisation.*

---

(1) Voir Bouty. *Journal de physique*, 1ʳᵉ série, t. VIII (1879). p. 289 et t. X 1881), p. 241.

NOTES

NOTE I

La constante de dissociation et la mesure de l'affinité chimique.

La constante de dissociation peut servir de mesure à l'*affinité*, c'est-à-dire au pouvoir des éléments de produire une action chimique dans toutes les réactions où interviennent les acides, les bases ou les sels [1].

La constante de dissociation donne, en particulier, la puissance d'affinité des acides d'une façon quantitative, et par suite, donne à cette puissance d'affinité un sens très précis. D'après la théorie des ions, plus les ions H^+ sont nombreux dans les acides, plus ils sont forts. Si donc l'on veut évaluer la force d'un acide il faut connaître un facteur qui corresponde pour cet acide à son état de dissociation. Ce facteur est précisément la *constante de dissociation* $K = \dfrac{\delta^2}{v\,(1 - \delta)}$ qui fournit une relation entre le degré de dissociation et la dilution de chaque molécule-gramme (voir p. 40).

On sait déjà que les acides résultent de l'union de l'hydrogène à un radical fortement *électronégatif* et que le caractère plus ou moins *acide* d'un corps provient du caractère *électronégatif* des radicaux situés dans le voisinage de l'hydrogène, et du nombre de ces radicaux [2]. C'est ainsi que l'accumulation des radicaux

---

[1] OSTWALD. *Abrégé de chimie générale*, p. 431.

[2] Voir *Dictionnaire de chimie* de WÜRTZ, premier et deuxième supplément, article *Acide*.

électronégatifs O, Cl, Br, I, C, Az dans le voisinage de l'hydrogène d'un corps augmente la force de son activité ; l'accumulation de radicaux électropositifs au contraire (tels que H, AzH², etc.), diminue la force de son activité. De même *l'accumulation de groupes électronégatifs dans le voisinage de l'hydrogène d'un acide augmente, en général, sa constante de dissociation, et l'accumulation de groupes électropositifs la diminue.*

C'est ainsi que si l'on considère la série des acides acétiques chlorés (où l'hydrogène caractérisant l'acide appartient au groupe COOH, comme pour tous les acides organiques), on a, à la température de 25° :

		$K \times 10^2$
Acide acétique	CH^3COOH	0,0018
— monochloracétique.	$CH^2Cl.COOH$.	0,155
— dichloracétique .	$CHCl^2.COOH$.	5,14
— trichloracétique .	$CCl^3.COOH$.	121,0

Prenons, comme autre exemple, les acides propionique et isopropioniques, à la température de 25°

		$K \times 10^2$
Acide propionique	$CH^3CH^2CO^2H$.	0,00134
— lactique .	$CH^2CH(OH)CO^2H$.	0,0138
— β-oxypropionique .	$CH^2(OH).CH^2CO^2H$	0,00311

On voit que la constante K des acides isopropioniques est d'autant plus grande que le groupe électronégatif OH est plus *voisin* de l'hydrogène caractérisant ces acides.

L'influence de la position des groupes électronégatifs est indiquée par les exemples suivants (température, 25°).

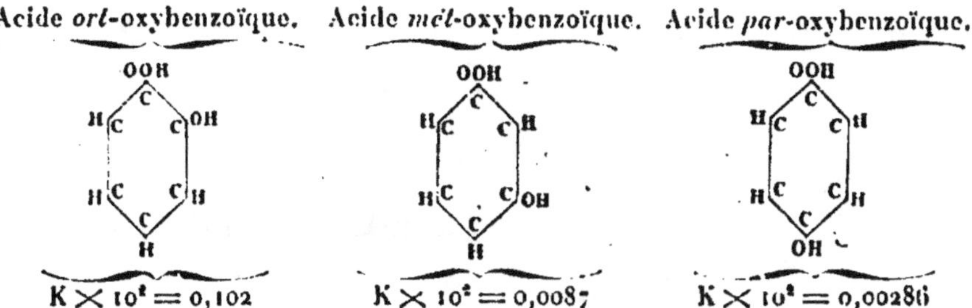

L'acide *paroxybenzoïque* dont le radical OH est aussi loin que possible du groupe COOH a la plus petite constante de dissociation : cette constante est même inférieure à la constante de l'acide benzoïque pour lequel on a :

$$K \times 10^2 = 0,0060.$$

On voit, d'après les exemples précédents, que lorsque la substitution se produit à une certaine distance du groupe acide CO^2H, elle n'exerce pas d'influence sur ce dernier; d'autres influences interviennent alors, mais on ne les connaît pas encore. Parmi les exemples donnés par Ostwald (*Abrégé de chimie générale*, p. 429-446) citons les suivants qui se rapportent tous à la température de 25° :

Si l'on substitue CH^2 à H dans l'acide formique puis dans les autres acides ainsi dérivés, K diminue, puis présente des variations irrégulières :

		$K \times 10^2$
Acide formique. . .	HCO^2H, . . .	0,0214
— acétique . . .	CH^3CO^2H; . .	0,00180
— propionique .	$C^2H^5CO^2H$. . .	0,00134
— butyrique. . .	$C^3H^7CO^2H$. . .	0,00149
— valérianique .	$C^4H^9CO^2H$. . .	0,00161
— caproïque . .	$C^5H^{11}CO^2H$ . .	0,00145

Pour des substitutions se faisant à des distances très grandes du groupe acide CO^2H les constantes de l'acide substitué peuvent être égales à l'acide lui-même. C'est ce que montrent les exemples suivants (température, 25°) :

Acide succinanilique. . $\cdots Az - CO - CH^2 - CH^2 - CO^2H$. $K \times 10^2$ 0,00203

Acide orto-chloro-succinanilique . . $-Az-CO-CH^2-CH^2-CO^2H$, 0,00208

Acide méta-chloro-succinanilique . . $-Az-CO-CH^2-CH^2-CO^2H$, 0,00209

Acide para-chloro-succinanilique . . $-Az-CO-CH^2-CH^2-CO^2H$, 0,00209

D'après les exemples qui précèdent on voit que K dépend de la nature, de la composition et aussi de la constitution des substances examinées [1].

Les constantes d'affinité relatives aux bases ont surtout été étudiées par Bredig [voir *Zeit. f. phys. chem.*, XIII (1894), 289].

---

[1] Ostwald. *Loc. cit.*, p. 429-446.

NOTE II

Application de la loi de Guldberg et Waage à l'équilibre dans les électrolytes entre ions et éléments non dissociés.

Si nous appelons V le volume de la solution de l'électrolyte contenant q équivalents non dissociés, et pour la partie dissociée : q_1 anions et q_2 cations, on a pour l'unité de volume, d'après la loi de Guldberg et Waage

$$\frac{\dfrac{q_1}{V} \cdot \dfrac{q_2}{V}}{\dfrac{q}{V}} = c^{te};$$

mais les rapports $\dfrac{q_1}{V}$, $\dfrac{q_2}{V}$ et $\dfrac{q}{V}$ n'expriment pas autre chose que les concentrations des anions, des cations et de la partie non dissociée; soient C_a, C_c, C ces concentrations, on a donc :

$$C_a \times C_c = C \times c^{te}.$$

De même que la constante de dissociation, cette relation ne s'applique ni aux acides forts, ni aux bases fortes, ni aux sels; mais pour les mélanges où entrent les autres électrolytes cette relation joue un rôle capital.

Examinons par exemple ce qui se passe lorsqu'on ajoute en solution étendue à un acide faible tel que l'acide acétique un autre acide faible, l'acide cyanacétique par exemple. L'augmentation de la concentration des ions $\overset{+}{H}$ qui en résulte amène un déplacement d'équilibre ; il en résulte que les propriétés de la solution, conductibilité, action intervertissante sur le sucre de canne ([1]), etc., sont loin d'être la moyenne des propriétés des solutions acides séparées. Les conditions d'équilibre peuvent être calculées (voir Van't Hoff. *Leçons de chimie physique*, 1re partie, p. 115-118)..

De même, quand on ajoute à une solution d'acide faible un sel de même acide, par exemple à une solution d'acide acétique de l'acétate de soude, l'action intervertissante de cet acide (l'acide acétique dans l'exemple choisi) se trouve notablement diminuée. Cela résulte de ce que la dissociation de l'acide acétique diminue par l'addition d'un de ses sels ; celui-ci apporte, en effet, dans la solution une nouvelle quantité de l'ion acide $\overline{CH^3.CO^2}$, et par suite la concentration de l'ion $\overset{+}{H}$ (calculée au moyen de la conductibilité moléculaire) devient moindre ([2]).

Le tableau suivant ([3]) qui résume des expériences effectués à 54°,3 permet de vérifier cette interprétation.

Dans le tableau de la page suivante, K représente la vitesse d'inversion, c'est-à-dire la fraction de la quantité de sucre existante qui a été intervertie en une minute.

La concentration de l'ion $\overset{+}{H}$ dans la solution $\frac{1}{4}$ normale d'acide acétique se calcule par la condition d'équilibre :

$$\frac{C_H^2}{C_{C^2H^4O^2}} = 1{,}615.10^{-5}.$$

([1]) L'action sur le sucre de canne, c'est-à-dire la vitesse d'inversion, étant proportionnelle à la concentration des ions H.

([2]) Van't Hoff. *Loc. cit.*, p. 120.

([3]) Arrhenius. *Zeitsch. f. phys. chem.*, V, 7.

SOLUTION INTERVERTISSANTE (Les facteurs représentent les fractions de solution normale.)	$\dfrac{\mu}{\mu_x}$	$K \cdot 10^3$ (observé).	$K \cdot 10^3$ (calculé).
$\frac{1}{4}$ $C^2H^4O^2$	»	0,75	0,75
— $+ \frac{1}{80}$ $C^2H^3NaO^2$ . . .	0,912	0,122	0,128
— $+ \frac{1}{40}$ — . .	0,76	0,07	0,079
— $+ \frac{1}{20}$ — . .	0,739	0,04	0,04
— $+ \frac{1}{8}$ — . .	0,713	0,019	0,017
— $+ \frac{1}{4}$ — . .	0,692	0,015	0,0088

où C_H et $C_{C^2H^4O^2}$ représentent les concentrations des ions $\overset{+}{H}$ et de l'acide acétique non dissocié $C^2H^4O^2$.

Or $C_{C^2H^5O^2} = \frac{1}{4} - C_H$; par conséquent $C_H = 0{,}002$, valeur qui va nous permettre de calculer la vitesse d'inversion K. Nous avons dit, en effet, précédemment, que cette vitesse était proportionnelle à la concentration des ions $\overset{+}{H}$; pour évaluer cette vitesse il nous faut donc connaître la valeur du rapport $\dfrac{K}{C_H}$, valeur qui est la même pour tous les acides. Nous connaissons cette valeur pour l'acide chlorhydrique en particulier : la vitesse d'inversion produite par une solution $\frac{1}{80}$ normale d'acide chlorhydrique à 54°, 3 est $K = 4{,}69 \times 10^{-3}$ (par minute) ; or une solution chlorhydrique à $\frac{1}{80}$ normale peut être considérée comme entièrement dissociée ; $\frac{1}{80}$ représente donc la concentration des ions $\overset{+}{H}$. On a donc :

$$\frac{4{,}69 \times 10^{-3}}{\frac{1}{80}} = \frac{K}{C_H} = \frac{K}{0{,}002},$$

d'où

$$K = 0,75 \times 10^{-3}$$

valeur qui concorde parfaitement avec celle qu'on a trouvée par l'expérience.

La présence d'une quantité d'acétate de sodium de normalité n introduit dans le liquide une concentration de l'ion $C^2H^3O^2$ égale à $n\dfrac{\mu}{\mu_x}$, $\dfrac{\mu}{\mu_x}$ correspondant à la proportion du sel dissocié, déterminée par la mesure de la conductibilité.

L'équation d'équilibre devient alors :

$$\frac{\left(n\dfrac{\mu}{\mu_x} + C\right)C_H}{\dfrac{1}{4} - C_H} = 1,615.10^{-5}.$$

C'est d'après cette équation combinée à la suivante qu'on a calculé les valeurs de K données plus haut

$$\frac{4,69 \times 10^{-3}}{\dfrac{1}{80}} = \frac{K}{C_H} \quad (^1).$$

On utilise, en analyse, cette propriété qu'a un sel de diminuer l'acidité de l'acide qui lui correspond. Si l'on ajoute, en effet, une solution d'hydrogène sulfuré à une solution d'acétate de fer rendue acide par de l'acide acétique, on n'obtient pas de précipité de sulfure de fer, mais si l'on ajoute au mélange une certaine quantité d'acétate de soude, le sulfure de fer apparaît aussitôt, bien que la proportion d'acide libre soit restée la même dans les deux cas $(^2)$.

<hr>

(1) VAN'T HOFF. *Loc. cit.*, 121-122.
(2) KÜSTER. *Zeitsch. f. Elektrochemie*, 20 août 1897.

NOTE III

Hydrolyse (¹).

L'*hydrolyse*, c'est-à-dire la décomposition des sels par leur dissolution dans l'eau, est très importante à étudier à cause de la fréquence des cas où elle se produit.

Selon qu'il s'agit de bases fortes ou faibles, d'acides forts ou faibles, il y a quatre genres de combinaisons possibles, dont un, celui d'un sel formé d'une base forte et d'un acide fort, n'est pas à examiner, puisque, dans ce cas et dans les conditions ordinaires, il n'y a pas d'hydrolyse appréciable, mais une dissociation électrolytique, c'est-à-dire une séparation en ions. Nous avons donc d'une part, le cas où un sel est formé d'un acide faible ou d'une base faible, et, d'autre part, le cas où le sel est formé d'un acide faible et d'une base faible.

1° *Hydrolyse des sels à base faible et acide fort.* — Si l'on dissout dans l'eau du chlorhydrate d'ammoniaque, par exemple, il s'établit un équilibre suivant l'équation symbolique suivante :

$$H^2O + AzH^4Cl \rightleftarrows AzH^4OH + HCl.$$

Une certaine quantité de base devient libre et cette

---

(1) D'après VAN'T HOFF. *Leçons de chimie physique*, 1re partie (1898), p. 122-127.

quantité, déterminée d'une façon quelconque, donne la mesure de l'hydrolyse.

Si l'on désigne par R le radical acide et par M le radical métal, l'équation symbolique précédente prend la forme générale :

$$H^2O + MR \rightleftarrows MOH + HR.$$

Cette équation devient, si l'on considère que dans le sel et l'acide fort la dissociation est complète, tandis que pratiquement la base reste non dissociée :

$$H^2O + \overset{+}{M} + \overset{-}{R} \rightleftarrows MOH + \overset{+}{H} + \overset{-}{R}.$$

Si l'on désigne respectivement par $C_{(\overset{+}{H})}$, C_{MOH} et $C_{(\overset{+}{M})}$, les concentrations des ions $\overset{+}{H}$, de la base MOH et des ions $\overset{+}{M}$, on démontre (1) que

$$\frac{C_{(\overset{+}{H})}\, C_{MOH}}{C_{(\overset{+}{H})}} = C^{te},$$

ou, puisque ces concentrations sont aussi celles de l'acide, de la base et du sel :

$$\frac{C_{acide}\, C_{base}}{C_{sel}} = C^{te}$$

2° *Hydrolyse des sels à base forte et acide faible.* — Si nous dissolvons par exemple de l'acétate de potasse dans l'eau, il s'établit l'équilibre suivant :

$$H^2O + K.C^2H^3O^2 \rightleftarrows KOH + H.C^2H^3O^2$$

ou, d'une façon générale,

$$H^2O + MR \rightleftarrows MOH + H.R.$$

Cette équation devient, si l'on considère que dans le

---

(1) VAN'T HOFF. *Leçons de chimie physique* (1898).

sel et la base forte la dissociation est complète, tandis que l'acide n'est dissocié que d'une façon insensible.

$$H^2O + \overset{+}{M} + \overset{--}{R} \rightleftarrows \overset{+}{M} + O\overset{--}{H} + HR.$$

De même que dans le paragraphe précédent, on démontre que

$$\frac{C_{(\overline{OH})}\, C_{(\overline{RH})}}{C_{(\overline{R})}} = C^{te}.$$

Cette expression ressemble à celle que nous avons trouvée pour l'hydrolyse des sels à base faible :

$$\frac{C\ base\ C\ acide}{C\ sel} = C^{te}.$$

3° *Hydrolyse des sels à acide faible et à base faible.* — La loi précédente ne s'applique plus, mais, pour un cas limite, elle est remplacée par une autre. Ce cas limite est celui où le sel est complètement dissocié, tandis que l'acide et la base ne le sont que d'une façon insensible ; alors l'équation fondamentale

$$H^2O + MR \rightleftarrows MOH + HR$$

devient

$$H^2O + \overset{+}{M} + \overset{--}{R} \rightleftarrows MOH + HR$$

et l'on a

$$\frac{C_{MOH}\, C_{RH}}{C_{(\overset{+}{M})}\, C_{(\overline{R})}} = C^{te},$$

d'où

$$\frac{C_{base}\, C_{acide}}{C^2_{sel}} = C^{te}.$$

La concentration du sel, et c'est là la différence importante, entre dans l'équation non plus à la première mais à la deuxième puissance.

D'après cela, contrairement aux cas précédents, l'hydrolyse serait indépendante de la dilution.

Conductibilité des sels hydrolysés. — Soit, par exemple, un chlorure de base faible (chlorure d'aniline, de pyridine, etc.). Appelons M_v la conductibilité moléculaire du sel, μ_v' celle du sel hydrolysé, μ_{HCl} celle de l'acide chlorhydrique mis en liberté ; la conductibilité moléculaire μ de la base peut être négligée comme étant trop petite. Appelons enfin x la partie du sel décomposée hydrolytiquement (en acide et en base); on a d'après Walker :

$$M_v = (1 - x)\,\mu_v + x\,\mu_{HCl}$$

Pour les chlorures d'aniline, de pyridine, d'orto, méta et paratoluidine, d'hydroxylamine, par exemple, μ_{HCl} est environ quatre fois aussi grand que μ_v ; on comprend par suite l'écart considérable que présente les propriétés de ces sels par rapport à la loi de Kohlrausch [1].

---

[1] Bredig. *Zeit. für phys. chem.*, XIII (1894).

NOTE IV

Mesure de la tension électrique entre un métal plongeant dans la solution d'un de ses sels et cette solution.

Première méthode. — Cette mesure peut se faire avec l'électromètre capillaire de Lippmann.

Deuxième méthode. — Cette mesure peut se faire très simplement au moyen de *l'électrode normale d'Ostwald*. Cet appareil est constitué par un flacon droit dont le fond est recouvert de mercure et qui est complètement rempli d'une solution de protochlorure de mercure. Cette solution est saturée et contient en outre du chlorure de potassium à raison d'une molécule-gramme (74,5 gr.) par litre. Quelques cristaux de protochlorure de mercure mis au fond du flacon assurent la saturation de la solution relativement au protochlorure. La solution remplit non seulement le flacon mais encore, par l'intermédiaire d'un tube de verre *r* enfoncé dans son bouchon, un tuyau en caoutchouc *t*. La borne de cette pile est constituée par un fil en platine isolé de la solution de protochlorure de mercure par un tube de verre soudé à ses deux extrémités.

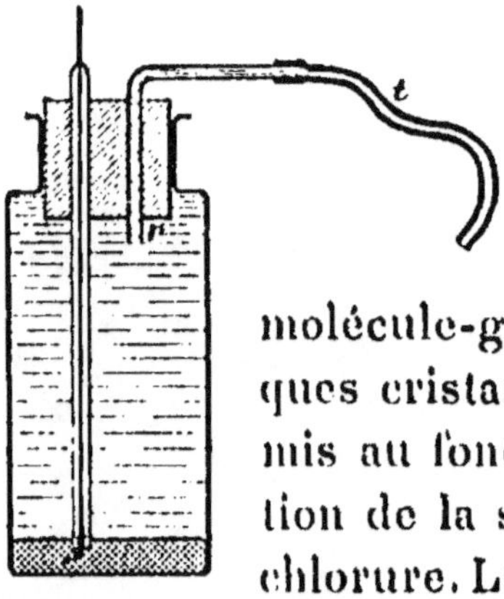

Fig. 12.

Électrode normale d'Ostwald.

Le principe de la méthode consiste à relier le système constituant l'*électrode normale d'Ostwald* avec le système constitué par le métal plongeant dans la solution d'un de ses sels et dont il faut déterminer la tension. A cet effet on amène l'extrémité libre du tuyau *t* dans cette solution de façon que les liquides des deux systèmes se touchent. On a ainsi constitué une *pile à deux liquides* qui devient la source d'un courant dès qu'on ferme le circuit.

On a déterminé une fois pour toutes avec l'électromètre capillaire de Lippmann la différence de potentiel ε qui existe entre le mercure et le liquide de l'électrode normale ; on a trouvé :

$$\varepsilon = - \, 0,56.$$

On mesure la différence de potentiel aux bornes de la pile à deux liquides, soit c. La différence de potentiel cherchée se déduit simplement de la relation :

$$c = x - \varepsilon$$

d'où

$$x = c + \varepsilon = c - 0,56.$$

Nous avons négligé à dessein la différence de potentiel résultant du contact des liquides des deux systèmes, qui est extrêmement faible.

C'est par cette deuxième méthode que Neumann [1] a déterminé les valeurs du tableau de la page suivante.

Si les tensions électriques des différents sels ne sont pas identiques, pour un même métal, cela tient à ce que ces sels ne sont pas complètement dissociés.

---

[1] Neumann. *Zeit. f. phys. chem.*, XIV, 193.

Tableau XIX

*Tension électrique entre un métal plongeant dans la solution d'un de ses sels et cette solution, pour différents métaux et différents sels.
(Valeurs trouvées par Neumann).*

MÉTAUX	SOLUTIONS A 1 MOLÉCULE-GRAMME PAR LITRE			
	sulfates.	chlorures.	nitrates.	acétates.
Magnésium	+ 1,239	+ 1,231	+ 1,060	+ 1,240
Aluminium	+ 1,040	+ 1,015	+ 0,775	—
Manganèse	+ 0,815	+ 0,824	+ 0,560	—
Zinc	+ 0,524	+ 0,503	+ 0,473	+ 0,522
Cadmium.	+ 0,162	+ 0,174	+ 0,122	—
Fer	+ 0,093	+ 0,087	—	—
Cobalt	— 0,019	— 0,015	— 0,078	— 0,004
Nickel	— 0,022	— 0,020	— 0,060	—
Étain.	—	— 0,085	—	—
Plomb	—	— 0,095	— 0,115	— 0,079
Hydrogène . . .	— 0,238	— 0,249	—	— 0,150
Bismuth	— 0,490	— 0,315	— 0,500	—
Antimoine . . .	—	— 0,376	—	—
Arsenic.	—	— 0,550	—	—
Cuivre	— 0,515	—	— 0,615	— 0,580
Mercure	— 0,980	—	— 1,028	—
Argent	— 0,974	—	— 1,055	— 0,991
Palladium. . . .	—	— 1,066	—	—
Platine	—	— 1,140	—	—
Or.	—	— 1,356	—	—

NOTE V

Mesure de la tension de dissolution exercée par un métal plongeant dans la solution d'un de ses sels.

On constitue avec le métal plongeant dans la solution d'un de ses sels et l'électrode normale d'Ostwald (voir sa description note IV), une pile à deux liquides.

Cette pile a pour tension aux bornes (voir p. 93) :

$$ e = \frac{0,0575}{n} \log \frac{P}{p} - \frac{0,0575}{n'} \log \frac{P'}{p'}. $$

La deuxième partie de la somme figurant au second membre de cette égalité représente la tension électrique de l'électrode normale d'Ostwald ; elle est donc égale (comme nous l'avons vu note IV) à — 0,56 volt ; on a donc

$$ e = \frac{0,0575}{n} \log \frac{P}{p} + 0,56, $$

d'où

$$ \frac{0,0575}{n} \log \frac{P}{p} = e - 0,56, $$

et

$$ \log P = \frac{n(e - 0,56)}{0,0575} + \log p. $$

Dans cette formule : n est connu, c'est la valence du métal à étudier ; p, pression osmotique des ions de ce métal est facile à calculer ; e se mesure directement.

La tension de dissolution P est ainsi déterminée.

Max Le Blanc [1] a trouvé par cette méthode les tensions de dissolution indiquées dans le tableau XIV. Ces tensions se rapportent à des solutions de sels complètement dissociés et à une molécule-gramme par litre ; c'est-à-dire pour lesquelles $p = 22{,}35$ atmosphères. M. Le Blanc a adopté pour simplifier les calculs la valeur $p = 22$ atmosphères.

----

[1] LE BLANC. *Lehrbuch der Elektrochem.* (1896), p. 185.

BIBLIOGRAPHIE

Comptes rendus de l'Académie des Sciences.
Journal de Physique.
Bulletin de la Société chimique.
Revue générale des sciences pures et appliquées.
Éclairage Électrique.
L'Électrochimie.
Moniteur scientifique.
Zeitschrift für physikalische Chemie.
The Journal of physical Chemistry.
Zeitschrift für Elektrochemie.
Elektrochemische Zeitschrift.
Annalen von Poggendorf.
Annalen von Wiedmann.
Berliner Berichte.
Zeitschrift für Anorganische Chemie.
Jahrbuch der Elektrochemie von Nernst et Borchers.

JAMIN et BOUTY. *Cours de Physique.* 4ᵉ édit., t. IV, 1ʳᵉ partie, 1888.
ETARD. *Les nouvelles théories chimiques*, 2ᵉ édit., 1898.
WÜRTZ. *Dictionnaire de Chimie.*
H. FONTAINE. *L'Électrolyse*, 2ᵉ édit., 1892.
H. PONTMIÈRE. *L'Électrochimie et l'Électrométallurgie*, 1891.
Ad. MINET. *Théories de l'Électrolyse*, 1898.
W. OSTWALD. *Abrégé de Chimie générale.*
W. BORCHERS. *Traité d'Électrométallurgie*, 1896.
VAN T. HOFF. *Leçons de Chimie physique*, 1ʳᵉ partie, 1898.
RAOULT. *Tonométrie et cryoscopie* (Coll. Scientia), 1900.

W. OSTWALD. *Allgemeine Chemie.*
W. OSTWALD. *Grundriss der allgemeinen Chemie*, 3ᵉ édit., 1899.
KOHLRAUSCH et HOLBORN. *Leitvermögen der Elektrolyte*, 1898.
MAX LE BLANC. *Lehrbuch der Elektrochemie*, 1896.
VOGEL. *Theorie elektrolytischer Vorgänge*, 1895.
LÜPKE. *Grundzüge der Elektrochemie*, 1899.
W. LÖB. *Grundzüge der Elektrochemie*, 1897.
F. PETERS. *Angewandte Elektrochemie*, 1898.
HABER. *Technische Elektrochemie*, 1898.

TABLE DES MATIÈRES

LIVRE III. — TENSION ÉLECTRIQUE
NÉCESSAIRE AU FONCTIONNEMENT DE L'ÉLECTROLYSE

Livre IV. — ÉNERGIE ÉLECTRIQUE

NOTES

TABLE DES TABLEAUX

TABLE ALPHABÉTIQUE

MARS 1900

Georges **CARRÉ** *et* **C. NAUD**, *Éditeurs*

Catalogue de la Bibliothèque

DE LA

evue générale des Sciences

PARIS

3, rue Racine, 3

Avis

Envoi *franco* sur demande des Catalogues spéciaux détaillés par ordre de matières.

> Catalogue général.
>
> Catalogue des Livres de sciences (Mathématiques — Physique — Chimie).
>
> Catalogue des Livres de médecine et Sciences naturelles.
>
> Catalogue technologique (Électricité — Agriculture — Photographie).
>
> Catalogue des périodiques.
>
> Catalogue de la Bibliothèque technologique.
>
> Catalogue de la Collection Scientia.

MM. Georges CARRÉ et C. NAUD feront, pendant **un mois**, à toute personne qui leur en fera la demande, le **service gratuit** de leurs publications périodiques.

Tous les ouvrages annoncés sont expédiés **franco** *aux prix marqués, en France et à l'Étranger, contre envoi d'un mandat postal, de timbres-poste ou d'une valeur à vue sur Paris. Pour les envois* **recommandés,** *envoyer 0 fr. 25, en plus, par ouvrage.*

Expédition contre remboursement de toute commande non accompagnée du montant. — *Pour l'étranger, les frais de remboursement restent à la charge du client.*

IMPRESSION des ouvrages scientifiques à formules, THÈSES de médecine, de Sciences mathématiques, physiques et naturelles et de Géographie. Envoi de devis sur demande. Prix très modérés.

N° 49 bis.

(1 vol., 226 p., 50 fig.)
Cartonnage toile anglaise.
        Prix : **5** francs.

Jacques **BOYER**

Histoire des Mathématiques

Suivre à travers les âges, — depuis les anciens peuples de l'Orient jusqu'à la fin du xixᵉ siècle, — l'évolution des Mathématiques : tel est le but de cet ouvrage destiné principalement aux étudiants. L'auteur a voulu rester *très élémentaire*. Son récit n'est pas surchargé de formules ou d'équations. Tout luxe d'érudition a été banni de ce volume où les personnes, même peu versées dans la science des Euclide et des Newton, apprendront sans fatigue l'histoire des découvertes mathématiques les plus saillantes.

Comme plan général, M. Boyer a adopté l'ordre chronologique de préférence aux autres dispositions. En effet, l'Arithmétique ou la Géométrie ont pu être, à certaines époques, plus cultivées que l'Algèbre, l'Analyse, la Mécanique ou la Trigonométrie, mais le développement des diverses branches de la Mathématique s'enchevêtre néanmoins d'une manière trop intime pour être traité, science par science, dans des chapitres séparés. Les inconvénients d'une telle méthode sautent d'ailleurs aux yeux : la caractéristique de chaque période ne se dégage pas, les redites sont inévitables et la marche générale du progrès n'apparaît plus que confusément.

Quant à l'illustration du livre, elle est exclusivement *documentaire*. Les fac-similés de manuscrits, d'ouvrages anciens ou de portraits sont des reproductions photographiques d'originaux existant dans des collections publiques ou privées. Leur authenticité a été soigneusement contrôlée et leur source toujours indiquée. Enfin une table très détaillée des noms cités et des matières traitées rend aisée et rapide la recherche d'un renseignement. Cette Histoire des Mathématiques a donc sa place marquée, comme *livre de référence*, dans toute bibliothèque scientifique.

TABLE DES CHAPITRES

(1 vol., 204 p., 48 fig., 10 pl.
hors texte)
Cartonnage toile anglaise.
PRIX : **5** francs.

H. BRILLIÉ
Ingénieur des Constructions navales.

Torpilles
et Torpilleurs

Les événements les plus importants survenus dans l'histoire de la marine au XIXᵉ siècle sont l'adoption de la torpille comme engin de guerre et la création du torpilleur à grande vitesse. Le torpilleur, en permettant d'utiliser la torpille comme arme d'attaque, a profondément modifié les règles de la tactique navale ; s'il n'est pas appelé, comme le proclamaient, il y a quelque dix ans, ses partisans enthousiastes, à devenir le roi des mers, il n'en reste pas moins un adversaire redoutable avec lequel doivent compter les plus puissants cuirassés.

De l'apparition du torpilleur à grande vitesse, date la révolution qui s'est opérée depuis vingt ans dans la construction des flottes européennes.

L'auteur de cet ouvrage s'occupe tout d'abord de la torpille et étudie cet engin dans ses divers emplois pour la défense des côtes et l'attaque des escadres. En second lieu, il aborde l'étude des torpilleurs et s'efforce de montrer les progrès réalisés depuis vingt-cinq ans dans la construction de leurs coques, de leurs machines et de leurs chaudières. Enfin il passe en revue les flottilles des torpilleurs des différentes puissances et le rôle que ces petits bâtiments sont appelés à jouer dans les guerres navales de l'avenir.

Ce n'est pas seulement à l'ingénieur et au marin que ce livre s'adresse ; tous ceux qui s'intéressent à l'évolution de notre marine, à ses progrès, liront ces pages avec un intérêt que la guerre hispano-américaine rend d'actualité et que les récentes modifications apportées au programme de nos divisions navales ne peuvent qu'accentuer.

(Revue du Cercle militaire).

TABLE DES MATIÈRES

TABLE DES FIGURES

(1 vol., 182 p., 141 fig.)
Cartonnage toile anglaise.
Prix : **5** francs.

Paul BUSQUET
Médecin-major de 2ᵉ classe,
Chef du Laboratoire de Bactériologie de l'hôpital
militaire d'Alger,
Lauréat de la Faculté de médecine de Lyon,
Lauréat du Ministère de la guerre.

Les Êtres vivants

Organisation — Évolution

Les idées qui sont exposées dans cet ouvrage ont été énoncées, il y a plus de quinze ans, pour la première fois, par le savant professeur Kunstler. Accueillies tout d'abord avec indifférence, puis discutées vivement, elles ont enfin acquis droit de cité dans le vaste domaine de la philosophie scientifique et se trouvent aujourd'hui confirmées et soutenues par les travaux récents de M. Yves Delage, l'éminent professeur de la Sorbonne.

Dès 1882, à la conception spéciale de la « théorie cellulaire », toute puissante et acceptée universellement par les auteurs, Kunstler opposa des vues élargies et la compléta par la théorie de la sphérule, qui avait pour point de départ autre chose que de vagues conceptions hypothétiques et reposait sur de nombreux faits positifs d'observation.

Pour la première fois, la valeur morphologique de la cellule, en tant qu'individualité distincte primitive, était nettement contestée, et la théorie coloniale elle-même se trouvait ébranlée par les arguments puissants mis en avant. Soutenir que les cellules des animaux ne sont pas des éléments anatomiques à valeur primordiale fixe et immuable était une conception nouvelle.

Deux autres auteurs, Sedgwick et Whitman, tentèrent, eux aussi, d'émettre quelques objections contre la théorie cellulaire ; l'indifférence générale leur répondit. Enfin, plus récemment, M. le Professeur Delage reprit ces théories et en fit le sujet d'une remarquable étude. En fournissant ainsi aux adversaires de la théorie cellulaire l'appoint précieux de son talent et l'autorité de sa situation officielle, le savant professeur de zoologie de la Sorbonne a contribué puissamment à vulgariser les idées que la trop grande modestie de Kunstler, et son peu d'empressement à renouveler et à multiplier les publications sur ses conceptions théoriques, n'avaient pas assez fait connaître du grand public scientifique.

Les documents de l'auteur n'ont pas été seulement puisés à l'enseignement magistral de son maître, à ces leçons qui, s'adressant à un public plutôt inexpérimenté, sont forcément un peu abstraites et simplifiées à dessein; ils ont été, encore et surtout, recueillis dans ces conversations scientifiques d'une si agréable familiarité et d'un charme persuasif si puissant, dont une vie de laboratoire et de persévérantes habitudes de travail en commun fournissent chaque jour tant d'occasions.

TABLE DES MATIÈRES

---

10 *Georges CARRÉ et C. NAUD, Éditeurs, 3, rue Racine, Paris.*

(1 vol., 164 p., avec fig., 1 pl.
en chromolithographie)
Cartonnage toile anglaise.
PRIX : **5** francs.

R. COLSON
Capitaine de génie,
Répétiteur de Physique à l'École polytechnique.

La Plaque
photographique

Propriétés, le visible, l'invisible

Après un coup d'œil général sur les propriétés de la couche sensible et sur le principe de sa préparation et de son emploi, l'auteur passe en revue dans les quatre premiers chapitres les influences chimique, lumineuse, calorifique, mécanique et électrique ; on trouvera en particulier, dans les deux premiers qui contiennent la base de la photographie, une discussion approfondie sur la formation de l'image latente et l'opération du développement avec des considérations nouvelles sur le rôle de la matière organique, la gélatine.

Le chapitre v contient un exposé d'une clarté supérieure de la grande découverte du professeur Rœntgen, les rayons X.

Dans le chapitre vi, l'auteur remet au jour les anciennes expériences de Niepce, de Saint-Victor, relatives à l'emmagasinement de la lumière, qui ouvrent la voie sur un terrain immense, encore très peu exploré et bien propre à séduire les chercheurs ; elles se rattachent directement à la photographie de l'invisible. Celle-ci, dans laquelle est comprise la photographie à travers des corps opaques, fait l'objet du chapitre xii, qui renferme les expériences exécutées récemment sur ce sujet.

L'auteur indique aussi certaines précautions à prendre dans la conservation et dans l'emploi des plaques.

Cet ouvrage sera utile à tous ceux qui s'occupent de photographie, en leur faisant connaître l'instrument qu'ils emploient, et à tous ceux qui s'intéressent aux nouvelles recherches, en leur fournissant, en même temps que des indications suggestives, des documents précis et mis au point.

Telle est la marche suivie par M. Colson dans son étude qu'il a voulu rendre, nous dit-il dans la préface, *intelligible à tous*. C'est en effet un volume de vulgarisation que *la plaque photographique*, mais quand un ouvrage de ce genre sort de la main d'un maître, il est de nature à intéresser non seulement les photographes amateurs, dont le nombre augmente chaque jour, et le grand public, mais aussi les spécialistes proprement dits et les savants.

(*Le Cosmos*, 5 juin 1897).

Georges CARRÉ et C. NAUD, Éditeurs, 3, rue Racine, Paris. 11

TABLE DES MATIÈRES

(1 vol., 284 p., 56 fig.)
Cartonnage toile anglaise.
PRIX : **5** francs.

J. DUGAST,
Directeur de la Station agronomique
et œnologique d'Alger.

Vinification
dans les Pays chauds

Algérie et Tunisie

Depuis quelques années, des œnologues distingués ont publié, tant en France qu'à l'étranger, des traités de vinification très complets. A côté de ces ouvrages qui ont tous leur utilité, l'auteur a pensé qu'il y avait place pour un livre écrit spécialement pour la vinification en Algérie et en Tunisie. Il est nécessaire pour bien exposer cette partie de la science agronomique d'avoir soi-même fait des recherches de laboratoire. Il n'est pas moins utile d'avoir appris la pratique de la vinification dans le cellier. C'est parce que l'auteur a fait cette double expérience de la théorie et de la pratique qu'il s'est cru autorisé à entreprendre cette tâche.

Tout en tenant compte des travaux antérieurs, souvent cités, il a adopté un plan nouveau et s'est efforcé de faire une œuvre originale.

Quant aux conditions des fermentations dans les pays chauds, sur lesquelles l'auteur insiste particulièrement, elles sont appuyées sur les résultats des nombreuses expériences faites à la station agronomique dans cet ordre d'idées. Ce traité est un ouvrage complet, à la fois scientifique et pratique, mais sans détails inutiles, où le lecteur trouvera des faits et des opinions nettement exprimés.

Mais, avant tout, ce livre est écrit dans le but d'être utile aux viticulteurs.

TABLE DES MATIÈRES

14 *Georges CARRÉ et C. NAUD, Éditeurs, 3, rue Racine, Paris.*

J. Willard GIBBS
Professeur au collège Yale, à New-Haven.
Traduit par
Henry LE CHATELIER
Ingénieur en chef des Mines,
Professeur au Collège de France.

(1 vol., 212 p., 10 fig.)
Cartonnage toile anglaise.
PRIX : **5** francs.

Équilibre
des
Systèmes chimiques

EXTRAIT DE LA PRÉFACE DU TRADUCTEUR

L'œuvre thermodynamique du professeur J. Willard Gibbs comprend trois parties distinctes, qui ont fait l'objet de mémoires séparés, publiés successivement dans les transactions de l'Académie du Connecticut.

Représentation géométrique des propriétés thermodynamiques des corps (décembre 1873).

Équilibre des systèmes hétérogènes. *1re partie.* — Phénomènes chimiques (juin 1876).

Équilibre des systèmes hétérogènes. *2e partie.* — Capillarité et électricité (juillet 1878).

C'est le second de ces mémoires, de beaucoup le plus important des trois, dont on donne ici la traduction. Sa publication restera dans l'histoire de la chimie un événement capital. La découverte par H. Sainte-Claire Deville de la dissociation, ou pour s'exprimer d'une façon plus précise, de la *réversibilité des phénomènes chimiques,* n'avait pas tout d'abord été appréciée à sa juste valeur par les chimistes qui avaient été beaucoup plus frappés de la limitation des réactions que de leur réversibilité. Les conséquences de cette réversibilité, et en particulier la possibilité d'appliquer à la chimie les principes de la thermodynamique, n'avaient pas été aperçus d'une façon précise. MM. Moutier et Peslin avaient seulement indiqué que les systèmes à tension fixe de dissociation devaient satisfaire à la formule de Clapeyron. C'est au professeur W. Gibbs que revient l'honneur d'avoir, par l'emploi systématique des méthodes thermodynamiques, créé une nouvelle branche de la science chimique dont l'importance, tous les jours croissante, devient aujourd'hui comparable à celle de la chimie pondérale créée par Lavoisier.

La portée des travaux du professeur W. Gibbs n'a pourtant pas été immédiatement reconnue; leur influence sur les progrès de la science n'a pas été tout d'abord ce qu'elle aurait dû être. Les chimistes se sont trop longtemps désintéressés d'idées qui leur étaient présentées sous une forme difficilement accessible. Bien peu d'entre eux étaient en état de comprendre une œuvre écrite par un mathématicien paraissant ignorer les idées ou préjugés de ses lecteurs et dédaigner leurs préoccupations expérimentales. Des pages entières sont consacrées à l'étude de phénomènes dont la probabilité n'est qu'un infiniment petit, parfois même du 4ᵉ ordre, tandis que quelques lignes à peine sont consacrées à énoncer des lois nouvelles et d'une importance capitale s'appliquant à tous les phénomènes de la chimie; aussi ces lois ont-elles passé complètement inaperçues. Le savant professeur d'Amsterdam, Van der Waals, a découvert, dans l'œuvre de Gibbs, deux lois semblables et les a expliquées aux chimistes : la *loi des phases* et les *règles relatives à l'état critique* dans les mélanges. Il est inutile de rappeler l'importance des recherches expérimentales auxquelles ces deux lois ont conduit les savants hollandais. Mais la plupart des lois semblables n'ont été ainsi reconnues qu'après avoir été découvertes à nouveau d'une façon tout à fait indépendante. C'est ainsi que les lois de l'équilibre chimique énoncées par M. Van't Hoff et par moi ont été ensuite retrouvées par M. Mouret dans le mémoire de Gibbs. Il est probable qu'il reste encore dans ce travail bien des points à approfondir, c'est là un des motifs qui m'ont engagé à en publier une traduction française. Je me suis astreint à la faire aussi littérale que possible pour éviter de modifier à mon insu la pensée de l'auteur.

TABLE DES MATIÈRES

(1 vol., 138 p., 25 fig., 10 pl.
hors texte).
Cartonnage toile anglaise.
PRIX : **5** francs.

Alexandre HÉBERT
Préparateur à la Faculté de médecine.

La technique
des Rayons X

MANUEL OPÉRATOIRE

de la Radiographie et Fluoroscopie

A L'USAGE DES

Médecins, Chirurgiens et Amateurs de photographie

La découverte prestigieuse du professeur de Würtzbourg était à peine connue que les savants de tous les pays s'en emparaient. En quelques semaines, un nombre prodigieux de travaux furent publiés tant au point de vue philosophique qu'au point de vue expérimental.

L'étude de la question serait extrêmement laborieuse pour quiconque voudrait compulser les nombreux mémoires parus en toute langue dans les différents journaux scientifiques. De plus, ces mémoires conçus à un point de vue scientifique d'un degré très élevé, sont pour la plupart peu à la ortée de la majorité de ceux auxquels les rayons X sont susceptibles de rendre service.

Un livre qui, se gageant des vues théoriques émises, qui, coordonnant les résulta ratiques obtenus, qui, conçu et écrit très clairement, pourrait être avec profit par l'homme de science ou l'amateur instruit, aurait cert un grand succès.

L'ouvrage de M. Hébert que nous présentons au public est dans ce cas. Sans être ni trop complètement théorique, ni entièrement documentaire, ce livre vise surtout à être pratique et à permettre à quiconque de reproduire les belles expériences sorties de nos grands laboratoires.

Ce livre rendra des services aux médecins, chirurgiens, et mettra le grand public lui-même en état de reproduire les expériences de M. Rœntgen. Le chimiste lui aussi en tirera le plus grand profit, étant donnée l'application que l'on peut faire des Rayons X à l'analyse, par exemple la recherche des falsifications du safran, des tissus, à la différenciation des pierres fausses des vraies, etc.

(*Revue de Chimie analytique appliquée*, 2 septembre 1897).

TABLE DES MATIÈRES

AVANT-PROPOS. — INTRODUCTION.

PREMIÈRE PARTIE. — Le matériel.

CHAP. I. — LA SOURCE D'ÉLECTRICITÉ : Les piles. — Les accumulateurs. — Le courant fourni par les usines centrales.

CHAP. II. — LA BOBINE.

CHAP. III. — LE TUBE DE CROOKES.

CHAP. IV. — LA GLACE ET LE CHASSIS PHOTOGRAPHIQUES.

DEUXIÈME PARTIE. — Les opérations.

CHAP. I. — DISPOSITION GÉNÉRALE DES EXPÉRIENCES : Cas des objets inanimés. — Cas des êtres vivants et du corps humain. — Modifications proposées aux dispositions précédentes.

CHAP. II. — DÉVELOPPEMENT DES IMAGES ET OBTENTION DES POSITIFS.

CHAP. III. — DISPOSITIF CONVENANT A LA FLUOROSCOPIE.

TROISIÈME PARTIE. — Les applications.

CHAP. I. — APPLICATIONS MÉDICALES ET CHIRURGICALES. — Recherche de corps étrangers introduits dans l'organisme. — Détermination de la position des appareils chirurgicaux introduits à demeure dans l'organisme. — Etude des lésions intra-osseuses. — Etude des lésions internes auxquelles les os participent. — Photographie des calculs dans le rein et dans la vessie. — Recherche de la position du fœtus chez la femme enceinte. — Observations.

CHAP. II. — APPLICATIONS DIVERSES.

QUATRIÈME PARTIE. — Un peu de théorie.

CHAP. I. — RAYONS CATHODIQUES.

CHAP. II. — RAYONS X.

TABLE DES FIGURES

1. Tube de Crookes en activité. — 2. Dispositif schématique de l'expérience de Rœntgen. — 3. La pile théorique. — 4. Pile Bunsen. — 5. Batterie de piles au bichromate à treuil. — 6. Schéma du couplage en tension. — 7. Schéma du couplage en quantité. — 8. Accumulateur Planté. — 9. Montage d'une prise de courant pour l'obtention des rayons X. — 10. Bobine de Rhumkorff. — 11. Tube de Gessler. — 12. Appareil pour montrer la propagation rectiligne des rayons cathodiques. — 13. Tube de Rœntgen. — 14. Tube focus. — 15. Tube focus Colardeau. — 16. Tube bianodique Séguy. — 17. Exploration d'un tube de Crookes. — 18. Schéma montrant la condensation des rayons cathodiques. — 19. Dispositif d'une expérience de fluoroscopie. — 20. Poignet d'un enfant de huit ans. — 21. Aile de faisan tué à la chasse. — 22. Poisson vivant traversé par les rayons X. — 23. Monstre humain à deux têtes. — 24. Boite contenant une montre. — 25. Pièce de bois et vis.

TABLE DES PLANCHES (hors texte)

1. Dispositif employé pour la photographie d'une main au moyen des rayons de Rœntgen. — 2. Dispositif employé pour la photographie des os de la jambe. — 3. Squelette d'une main photographiée à travers les chairs. — 4. Lapin tué à la chasse photographié par les rayons X. — 5. Grenouille vivante traversée par les rayons X. — 6. Couleuvre vivante traversée par les rayons X. — 7. Squelette d'un rat photographié à travers les chairs. — 8. Squelette d'un pigeon photographié à travers les chairs et les plumes de l'oiseau. — 9. Fœtus humain traversé par les rayons X. — 10. Monstre humain à deux têtes photographié par les rayons X.

(1 vol., 338 p., 102 fig.)
Cartonnage toile anglaise.
PRIX : **5** francs.

R. HOMMELL
Ingénieur agronome,
Professeur d'Agriculture à Riom (Puy-de-Dôme).
Membre fondateur de la Société centrale d'Apiculture.

L'Apiculture

par les méthodes simples

Le *Traité d'Apiculture par les méthodes simples* est l'œuvre d'un praticien qui exploite lui-même d'importants ruchers ; les débutants y trouveront un guide précieux et sûr, toujours clair et précis, qui leur évitera les tâtonnements et les fautes ; les personnes déjà versées dans l'art apicole le liront aussi avec profit et pourront ensuite apporter des modifications utiles aux procédés qu'ils emploient.

Le chapitre I est consacré à l'étude de la biologie des Abeilles, à la description des diverses races. La cire et les rayons, le miel, les plantes mellifères, le pollen, l'eau et la propolis font l'objet du chapitre II. Le chapitre III traite de l'accroissement des colonies, de la ponte et de l'essaimage naturel.

Dans les chapitres IV, V, VI, VII et VIII est étudié, avec les détails les plus minutieux, tout ce qui est relatif à l'établissement du rucher, au choix raisonné de la ruche et à sa manipulation, pour l'outillage nécessaire, le peuplement des ruches, l'essaimage artificiel, la conduite du rucher pendant toute l'année, la récolte et la vente du miel, la récolte et la purification de la cire, les falsifications et l'analyse du miel et de la cire, enfin les dérivés du miel : hydromel, œnomel, vinaigre et eau-de-vie.

Les chapitres IX et X contiennent tout ce qui est relatif aux maladies des Abeilles et à la statistique apicole.

Ce livre est avant tout un livre pratique sans pour cela être dépourvu des théories indispensables en pareille matière. La plupart des figures sont inédites et leur grand nombre en ajoutant à l'intelligence du texte lui enlève toute obscurité et toute sécheresse.

En résumé, l'ouvrage de M. Hommell est sans doute le plus complet qui existe à l'heure actuelle sur la matière ; il sera le guide indispensable de tout ceux qui se proposeront de créer et de conduire un rucher avec le minimum de travail et le maximum de produit.

TABLE DES MATIÈRES

(1 vol., 188 p., 56 fig.)
Cartounage toile anglaise.
PRIX : **5** francs.

Alphonse LABBÉ
Docteur ès sciences,
Conservateur des Collections zoologiques
à la Sorbonne.

La Cytologie expérimentale

Essai de Cytomécanique

Cet ouvrage est la mise au point sommaire, mais précise, des expériences récentes de mécanique cellulaire, de *cytomécanique*, de cette jeune science qui veut connaître expérimentalement, non seulement ce qu'est une cellule en elle-même, mais ce que sont les divers organes cellulaires, et aussi quelles sont les relations réciproques de ces organes et les rapports de la cellule vis-à-vis du milieu ambiant ou des autres cellules.

L'auteur étudie successivement les expériences faites pour reproduire artificiellement le protoplasma et les figures karyokinétiques, l'action des agents physico-chimiques sur la structure et les mouvements des cellules ; les relations du noyau et du cytoplasma ; les modifications expérimentales de la mitose et de la segmentation de l'œuf.

Deux chapitres sont consacrés à l'adaptation au milieu et aux tropismes et tactismes. Enfin un chapitre important discute les causes de la différenciation cellulaire, question des plus graves, puisqu'elle est la base même du problème de l'hérédité et de l'évolution des espèces.

Ce livre sera utile non seulement aux naturalistes et aux biologistes qu'intéressent les grandes questions de biologie générale, mais aussi aux étudiants qui y trouveront exposée et développée l'importante partie de leur programme relative à la biologie cellulaire.

(*Revue scientifique*, 24 décembre 1898).

TABLE DES MATIÈRES

(1 vol., 296 p., 5 fig.)
Cartonnage toile anglaise.
PRIX : **5** francs.

C.-A. LAISANT
Examinateur
d'admission à l'École polytechnique,
Docteur ès sciences.

La Mathématique

Philosophie — Enseignement

« Dans la première partie, la plus longue de l'ouvrage, l'auteur cherche à définir cet objet multiple, variable à l'infini, que la Mathématique doit étudier, et à élever une classification des sciences mathématiques qui soit sensiblement d'accord avec la tradition et qui soit justifiée par la nature des questions que chacune d'elles étudie.

« Toute la deuxième partie de l'ouvrage est pleine de réflexions ingénieuses, intéressantes, qui ne peuvent manquer d'être profitables à la classe nombreuse des étudiants qui, sans avoir encore approfondi aucun point de la science mathématique, ont cependant sur les principales parties de cette science des notions déjà étendues. Je signalerai plus particulièrement, et pour les louer sans réserve, les idées de l'auteur sur les nombres incommensurables, négatifs et imaginaires et celles qu'il développe à propos d'une opération générale, peut-être un peu trop négligée aujourd'hui et qu'il désigne par cette locution : *retour de l'abstrait au concret.*

Dans la troisième partie. . . . .
« L'auteur affirme que toute intelligence moyenne est apte à recueillir un enseignement mathématique assez complet pour être utilisé à un grand nombre de points de vue et pour assurer à celui qui le possède des idées raisonnables sur toute cette science mathématique jugée si faussement et si médiocrement aujourd'hui par l'immense majorité de ceux qui font cependant partie de la classe éclairée de la nation ; il pense que l'on ne saurait commencer trop tôt cet enseignement, qu'il y a tout avantage à en mener de front les diverses parties, arithmétique, algèbre et géométrie, et qu'il vaut mieux ne rien faire du tout que de consacrer une classe unique de une heure et demie par semaine à développer un tel programme ; il croit que pour cet enseignement, comme pour tout autre d'ailleurs, il faut de la continuité dans les efforts, le temps matériel de revenir au besoin en arrière, de reprendre les points difficiles et de les illustrer par des exemples jusqu'à ce qu'ils se soient gravés dans l'esprit de l'élève.

« Il faut savoir gré à M. Laisant d'avoir appelé l'attention sur ce point capital. Si son livre devait être un des facteurs essentiels d'une réforme désirable à tant de points de vue, l'auteur pourrait se vanter, non seulement d'avoir écrit dans un style éloquent et clair un livre intéressant et instructif, mais encore d'avoir rendu un éminent service à son pays. »   E. H.

(*Revue des Mathématiques spéciales,* Juin 1898).

TABLE DES MATIÈRES

INTRODUCTION : Caractères de cet ouvrage. — La Mathématique. — Philosophie. — Enseignement. — Plan général. — Observation finale.

LA MATHÉMATIQUE PURE. — ENSEIGNEMENT.

LA MATHÉMATIQUE APPLIQUÉE. — PHILOSOPHIE.

ENSEIGNEMENT.

H. LE CHATELIER
Professeur de Chimie minérale au Collège de France,
Ingénieur en chef au corps des Mines,
et
O. BOUDOUARD
Préparateur au Collège de France.

(1 vol., 220 p., 52 fig.)
Cartonnage toile anglaise.
PRIX : **5** francs.

Mesure des Températures élevées

Depuis Wedgwood, bien des savants se sont occupés de la mesure des températures élevées, mais avec un succès inégal. Trop indifférents aux choses pratiques, ils ont surtout envisagé le problème comme un prétexte à dissertations savantes. La nouveauté et l'originalité des méthodes les attiraient plus que la précision des résultats et la facilité des mesures. Aussi jusqu'à ces dernières années, la confusion a-t-elle été en croissant.

Ainsi les expériences sur le rayonnement solaire qui ont conduit à des évaluations variant de 1500 à 1000000 de degrés s'appuyent sur des mesures ne différant pas entre elles de 25 p. 100.

Pour sortir de cette confusion, il a fallu d'abord s'entendre sur une échelle unique des températures ; celle du thermomètre à gaz est universellement adoptée aujourd'hui, et l'on peut considérer ce choix comme définitif.

L'auteur se propose, dans l'introduction de cet ouvrage, de passer rapidement en revue les différentes méthodes pyrométriques (c'est-à-dire thermométriques utilisables aux températures élevées), dont l'emploi peut être avantageux dans telle ou telle circonstance ; il décrit ensuite plus en détail chacune d'elles et discute les conditions de leur emploi. Mais, avant tout, il précise dans quelles limites les différentes échelles peuvent être repérées par rapport à celle du thermomètre normal à gaz ; c'est l'insuffisance de ce repérage qui, aujourd'hui encore, est la cause des erreurs les plus importantes dans la mesure des températures élevées. L'abondance des vues originales sur un sujet qui intéresse particulièrement la grande industrie rend la lecture de cet ouvrage indispensable à tous les ingénieurs des usines, fonderies, haut fourneaux et, en général, à tous ceux qu'une question aussi importante est à même d'intéresser au double point de vue théorique et pratique.

TABLE DES MATIÈRES

(1 vol., 200 p., 12 fig.)
Cartonnage toile anglaise.
PRIX : **5** francs.

Georges **MAUPIN**
Licencié ès sciences mathématiques et physiques,
Membre de la Société Mathématique de France.

Opinions et Curiosités

touchant la Mathématique
Pendant les XVIe, XVIIe et XVIIIe siècles.

Quelles opinions avaient de l'utilité des mathématiques dans les siècles précédents non seulement les savants, mais surtout les faiseurs de livres et même les ignorants ? Quels avantages pensait-on en retirer pour l'éducation ; quelle liaison singulière voulait-on établir entre la doctrine mathématique et la religion ? Voilà ce qui est traité dans ce volume. En donnant des extraits curieux·et piquants des auteurs qu'il cite, M. Maupin ne s'est permis d'y ajouter que de brefs commentaires et de courtes notes biographiques, ne voulant rien ôter de leur caractère aux textes mentionnés. Ajoutons que ce n'est pas là un ouvrage savant et que, dans ses parties les plus saillantes, on s'est efforcé de le rendre intelligible à tous ceux qui ont en mathématiques des connaissances moyennes. Ce livre a, par ailleurs, un côté documentaire qui séduira les personnes qu'intéresse l'évolution de l'esprit mathématique à travers les graves querelles d'écoles et les discussions brûlantes des dogmatistes. — Les mathématiciens trouveront un vif intérêt à cette excursion rétrospective dans le domaine de la géométrie, et les curieux, que n'effrayent pas les soutenances imprévues, prendront plaisir à l'intervention des mathématiques dans le dogme de la Présence réelle. — D'autre part, le volume de M. Maupin, en tout décidément instructif, nous donne en manière d'actualité, des aperçus originaux sur ce que pensaient de l'utilité du latin dans l'enseignement les maîtres d'autrefois. — Bien des idées que nous émettons aujourd'hui sur ce sujet sont, à la vérité, celles d'hier et nous devons au livre de M. Maupin la satisfaction de l'apprendre.

TABLE DES MATIÈRES

(1 vol., 215 p., 12 fig.)
Cartonnage toile anglaise.
PRIX : **5** francs.

G. PAGÈS
Vétérinaire de Paris et du département
de la Seine,
Docteur en médecine, Docteur ès sciences.

Méthodes pratiques
en Zootechnie

Dans cet ouvrage, l'auteur a poursuivi un triple but : 1º faire connaître à tous ceux qui désirent acquérir une instruction supérieure en cette matière ce que la Zootechnie a de définitivement acquis ; — 2º montrer aux hygiénistes les grands progrès accomplis dans l'élevage des animaux en leur indiquant tout le bénéfice qu'on peut en tirer pour l'homme ; — 3º apaiser le conflit qui existe, dans l'industrie de la vie, entre les théoriciens et les praticiens, et prouver, par la systématisation des observations empiriques, que ces derniers ont le plus souvent raison.

La première partie est consacrée à la Zootechnie générale : on y trouvera sur l'habitation, l'entraînement, l'alimentation, etc..., nombre de renseignements nouveaux. La deuxième partie traite des diverses opérations zootechniques, d'abord d'une manière générale, ensuite spécialement. Non seulement l'auteur a étudié les animaux de boucherie et les animaux moteurs, les seuls qui ont paru intéresser jusqu'ici les zootechniciens, mais encore les animaux affectueux et gardiens, tout en accordant aux premiers les plus grands développements. On y trouvera sur l'engraissement, sur l'élevage des animaux de sang, sur le chien de garde, sur les animaux de combat, des observations pratiques très importantes dont personne jusqu'ici n'avait parlé.

(*L'Éleveur*, 27 novembre 1898).

Nous avons lu et relu cet excellent livre, il nous apprend beaucoup sans fatigue, les faits y sont exposés avec tant de sobriété et de clarté qu'il semble que chaque phrase porte, que chaque mot était bien le mot indispensable et celui qui convenait, et nous engageons vivement nos lecteurs à se procurer ce nouvel ouvrage d'un auteur dont nous avions parlé avec grands éloges à propos de ses recherches sur le lait et les femelles laitières.

(*La Laiterie*, 3 décembre 1898).

TABLE DES MATIÈRES

Georges **PELLISSIER**

L'Éclairage
à l'Acétylène

Tout le monde est intéressé à lire cet ouvrage, en premier lieu ceux qui s'occupent de la fabrication du carbure de calcium; ensuite, les ingénieurs, pour l'éclairage des phares, des voitures de chemin de fer. de tramways, etc., les architectes et propriétaires pour les installations privées, et les lampes portatives, les photographes pour les agrandissements et les projections, les médecins pour le laryngoscope éclairé à l'acétylène, les bicyclistes pour les lanternes, etc., enfin les municipalités, pour l'éclairage public.

L'ouvrage fort bien divisé comprend l'historique du nouveau gaz, l'examen des propriétés physiques et chimiques de l'acétylène, la description des fours électriques, de la fabrication et des propriétés du carbure de calcium, de la préparation de l'acétylène; l'étude et le classement des appareils générateurs, l'appréciation de l'acétylène liquéfié et comprimé, des observations sur la flamme de l'acétylène et le choix des becs, la comparaison du prix du nouvel éclairage avec les autres systèmes, les différentes applications déjà faites ou possibles et enfin des conseils sur les manipulations pratiques. — Il ne faudrait pas croire que l'auteur se borne à un exposé des systèmes qu'il décrit, il fait suivre chaque chapitre d'une synthèse dictée par une étude approfondie de la question, et par la volonté bien arrêtée de rester impartial, c'est ce qui fait le grand mérite de son travail.

(Moniteur de l'Industrie, 15 avril 1898).

Examinant les points d'intérêt général, les conditions à réaliser pour la préparation et l'utilisation rationnelles de l'*Acétylène*, l'auteur étudie les applications qui paraissent réellement pratiques, il fait bonne justice des utopies et des illusions que font résonner trop haut ceux qui ont intérêt à faire de la propagande; il ramène à ses justes limites le champ d'exploitation qui reste à explorer, et finalement signale avec juste raison les dangers qu'il y a lieu de craindre et les précautions qu'il faut prendre pour les éviter.

L'ouvrage impartialement et scientifiquement écrit est le meilleur que nous possédions sur cette matière.

(Le Constructeur, 28 mars 1897).

La partie qui traite des appareils générateurs chez M. Pellissier est très complète, et ce livre sera recherché par tous ceux qui s'occupent des applications de l'acétylène à l'éclairage.

(L'Électrochimie, mars 1897).

TABLE DES MATIÈRES

(1 vol., 194 p., 6 fig.)
Cartonnage toile anglaise.
PRIX : **5** francs.

William RAMSAY
De la Société royale de Londres,
Correspondant de l'Institut de France.

Traduit de l'anglais par

Georges CHARPY
Docteur ès sciences.

Les Gaz
de l'Atmosphère

Le livre de William Ramsay est l'exposé de la genèse des découvertes suscitées par la recherche de la nature de l'air et des propriétés des gaz qui le constituent.

Les chapitres I et II sont consacrés aux tentatives de Boyle, de Mayow et de Hales que dominaient encore les théories de l'air considéré par les anciens comme un corps simple dont l'homogénéité pouvait, à la rigueur, subir l'influence d'effluves cosmiques. — A ce point du livre, nous sommes au milieu du dix-septième siècle. — Les recherches se succédaient empreintes des idées de la scolastique et dans l'ardeur des discussions théologiques lorsque survint Black qui, en découvrant l'acide carbonique, apporte à l'analyse la contribution du fait expérimental soutenu par des mesures quantitatives précises.

Ayant ainsi fait pressentir l'avènement des lois de combinaison, William Ramsay presse son étude et nous montre tour à tour Daniel Rutherford, Priestley et Scheele découvrant l'azote et l'oxygène, et enfin le couronnement de l'œuvre par la mémorable expérience de Lavoisier qui fit s'anéantir les théories du phlogistique.

Les chapitres V, VI, VII sont consacrés entièrement à la retentissante découverte de l'argon par l'auteur et son collaborateur lord Rayleigh. — A cet égard, l'homme de science et le praticien trouveront dans ce livre les matériaux disséminés partout ailleurs, sur lesquels s'édifia la découverte de l'argon et des propriétés qui caractérisent ce nouveau gaz. — De même, tous ceux que peuvent servir des connaissances simplement élémentaires de chimie rencontreront dans l'ouvrage de William Ramsay l'intérêt qui s'attache à l'étude d'un point si important de la science moderne.

(*Revue de Chimie analytique appliquée*, juin 1898).

La description des gaz de l'atmosphère et l'histoire de leur découverte ne pouvait guère être écrite par un homme plus au courant de la matière que le savant qui, pour son compte, a su mettre en évidence quatre de ces gaz.

Une seule chose était à craindre, c'était que trop plein de son sujet, l'auteur ne se tînt à des hauteurs auxquels le vulgaire eût été incapable de le suivre. Mais il est Anglais et, comme tant d'autres savants de cette nation, il a su, sans rien perdre de la rigueur scientifique, donner à son œuvre ce cachet pratique qui rend son livre accessible à tout homme intelligent. Seuls, les deux derniers chapitres pourront paraître un peu ardus aux lecteurs insuffisamment préparés. En revanche, les autres y verront deux bonnes leçons de philosophie chimique.

En résumé, l'ouvrage est de ceux que tous peuvent lire avec plaisir et avec profit.

(Le Cosmos, 6 août 1898).

On sait qu'il y a deux ans, au grand étonnement des chimistes, M. Ramsay prouva que nous ne connaissions pas encore la composition de l'air atmosphérique. Il venait, en effet, de découvrir un gaz inconnu jusqu'ici, l'argon. C'est l'historique de cette découverte qu'a présentée M. Ramsay au public anglais. Et M. Charpy a eu la bonne pensée de la rendre accessible au grand public français. Ce résumé aidera à faire apprécier l'importance des travaux de l'éminent physicien anglais et initiera nos jeunes physiciens de l'avenir à une des découvertes les plus étonnantes de la fin de notre siècle.

(Journal des Débats, 16 mai 1898).

TABLE DES MATIÈRES

(1 vol., 225 p., 65 fig.)
Cartonnage toile anglaise.

PRIX : **5** francs.

X. ROCQUES
Ingénieur-chimiste,
Ancien chimiste principal du Laboratoire
municipal de Paris.

Les Eaux-de-vie et Liqueurs

☞ Dans un premier chapitre, l'auteur étudie les matières premières de l'industrie des eaux-de-vie et liqueurs, c'est-à-dire les eaux-de-vie naturelles d'une part et, d'autre part, des alcools d'industrie ; puis, il compare ces deux classes d'alcools au point de vue de leur production, de leur qualité, etc. Les six chapitres suivants sont relatifs à l'étude des diverses eaux-de-vie : cognacs, marcs, eaux-de-vie de vin et de cidre, kirschs, rhum et whisky. L'auteur traite notamment avec détails la préparation des eaux-de-vie charentaises. Le chapitre VIII est relatif aux liqueurs en général, le chapitre IX aux liqueurs apéritives (absinthe, vermouth, bitter), le chapitre X aux fruits à l'eau-de-vie, le chapitre XI aux eaux aromatiques distillées, et le chapitre XII aux sirops. L'auteur termine cette partie par des considérations générales sur le commerce des liqueurs et sur les fraudes. Nous signalons tout spécialement les deux derniers chapitres du volume dans lesquels l'auteur, se plaçant à un point de vue très général, étudie les alcools dans leur rapport avec l'hygiène, la législation et le fisc. Ce livre sera lu avec grand intérêt non seulement par les spécialistes, mais aussi par toutes les personnes soucieuses de se former une opinion exacte sur une des questions qui, à l'heure actuelle, s'imposent à l'attention de tous.

(Revue des Falsifications, juin 1899).

TABLE DES MATIÈRES

l'ozone. — Vieillissement par le bois. — Futailles. — *Manipulations des eaux-de-vie :* Coupages. — Mouillage, sirupage, collage, filtration. — *Prix des eaux-de-vie :* Prix de revient. — Prix de vente. — *Eaux-de-vie de l'Armagnac :* Alambic du Gers. — *Eaux-de-vie de vin du Midi ; trois-six de Montpellier :* Appareils continus. — Appareil continu Deroy. — Appareil continu Egrot. — Appareil à distillation continue et fractionnée. — *Distillation des vins altérés et malades. Eaux-de-vie de lies. Eaux-de-vie de marcs :* Traitement des marcs par lixiviation. — Traitement des marcs par les calandres. — *Eaux-de-vie de marcs de Bourgogne.*

CHAP. III. — EAUX-DE-VIE DE CIDRE ET DE POIRE.

CHAP. IV. — EAUX-DE-VIE DE FRUITS A NOYAUX. KIRSCH. QUETSCH : *Kirsch :* Titre en sucre des cerises. — Titre en acidité. — Kirsch de commerce. — Kirsch de fantaisie. — *Quetsch.*

CHAP. V. — RHUM ET TAFIA : *Fabrication du rhum :* Levain artificiel. — Fermentation continue.

CHAP. VI. — WHISKY : *Scotch whisky.* — *Irish whisky.* — *Whisky d'alambic.*

CHAP. VII. — EAUX-DE-VIE DE FANTAISIE.

CHAP. VIII. — LIQUEURS : *Liqueurs par distillation :* Préparation des alcoolats. — Alcoolats composés. — Fabrication des liqueurs. — Conservation des liqueurs. — *Liqueurs par les essences :* Tableau des essences extraites des plantes aromatiques. — *Liqueurs par infusion :* Préparation du cassis. — Infusion de cerises. — *Commerce des liqueurs.*

CHAP. IX. — LIQUEURS DITES APÉRITIVES : *Absinthe.* — *Bitters et amers.* — *Vermouth.*

CHAP. X. — LES FRUITS A L'EAU-DE-VIE : *Cerises.* — *Prunes.* — *Pêches.* — *Chinois.*

CHAP. XI. — EAUX AROMATIQUES DISTILLÉES : *Eau de fleur d'oranger.* — *Eau de roses.* — *Eau de framboises.*

CHAP. XII. — SIROPS : *Sirop de sucre :* Sirops glucosés. — Sirops de fruits. — Sirop d'orgeat. — Sirop de gomme. — Sirop de grenadine. — Altération des sirops.

CHAP. XIII. — COMMERCE DES SPIRITUEUX : Importation et exportation des spiritueux.

CHAP. XIV. — FRAUDES DES EAUX-DE-VIE ET LIQUEURS : Fraudes sur la nature des eaux-de-vie. — Fraudes sur le degré alcoolique. — Fraudes sur les liqueurs. — Fraudes sur les sirops. — Fraudes sur les eaux distillées.

CHAP. XV. — LES EAUX-DE-VIE ET LIQUEURS AU POINT DE VUE DE L'HYGIÈNE : Richesse alcoolique des boissons. — Classification des eaux-de-vie et liqueurs. — Action physiologique des eaux-de-vie et liqueurs. — Alcoolisme aigu et alcoolisme chronique.

CHAP. XVI. — L'ALCOOL AU POINT DE VUE LÉGISLATIF ET FISCAL : Revenus des impôts sur les boissons. — Le monopole de l'alcool. — Réformes législatives.

(1 vol., 300 p., 45 fig.)
Cartonnage toile anglaise.
PRIX : **5** francs.

A. de SAPORTA

Physique et *Chimie viticoles*

EXTRAIT DE LA PRÉFACE

Dans cet ouvrage, l'auteur veut appuyer ses indications sur une base solide et débute par un *Exposé de quelques principes théoriques ;* il ne s'attarde pas sur les notions purement chimiques, et dès son premier chapitre, commence à entretenir son lecteur des ferments qui jouent un si grand rôle dans la production du vin.

Le deuxième chapitre est consacré aux analyses agricoles ; avec le troisième, *les vignobles et le sol*, il entre dans le vif de son sujet, il discute l'immunité contre le phylloxéra que procure à la vigne la plantation dans le sable ; puis l'abondance du calcaire, comme cause de la chlorose ; de l'étude des *sols*, l'auteur passe à celle des *engrais ;* il expose ensuite les notions de *météorologie*, qu'il juge utile de faire connaître.

Les remèdes : tel est le titre du sixième chapitre ; j'avoue que moi, homme du Nord, qui n'appartiens pas à la région de la vigne, je suis surpris que ce chapitre VI ne soit pas intitulé : *les maladies ;* mais M. de Saporta écrit à Montpellier ; il a eu depuis si longtemps les oreilles rabattues des ravages causés par ces maladies, il a une telle horreur des phrases toutes faites et des lamentations banales, qu'il ne s'est pas senti le courage de récrire un chapitre qui a été écrit déjà plusieurs milliers de fois ; donc il suppose les maladies connues et cherche à les combattre ; il appuie notamment sur cet emploi du sulfate de fer appliqué sur les plaies de la vigne après la taille imaginée par M. Rassiguier, qui est efficace, mais dont la théorie n'est pas donnée.

La vigne a triomphé de ses ennemis, elle a mûri ses raisins, il faut faire du vin, connaître la composition des raisins, savoir le degré d'acidité qu'ils présentent, enfin suivre la fermentation. Dans notre Midi, et encore plus en Algérie, le grand ennemi de la fermentation régulière est l'élévation de la température ; aussi M. de Saporta décrit-il avec grand soin les appareils réfrigérants qui maintiennent les moûts dans des conditions favorables au travail des levures. Il indique ensuite comment on détermine la richesse en alcool du vin produit et comment on empêche les fermentations secondaires qui se déclarent souvent dans les vins peu chargés d'alcool, comme ceux que fournissent les cépages à grand rendement, qui forment presque exclusivement les vignobles du Midi.

M. de Saporta termine son ouvrage par la phrase suivante, qui indique clairement pourquoi il l'a écrit : « Autant que possible nous avons cherché à simplifier et coordonner en sacrifiant les détails et nous croyons qu'en effet l'application intelligente d'un assez petit nombre de principes généraux peut suffire au propriétaire pour éviter bien des déboires ».

Georges CARRÉ et C. NAUD, Éditeurs, 3, rue Racine, Paris. 37

On ne saurait mieux dire. La production du vin, comme toutes les industries qui mettent en œuvre les ferments, est une observation délicate, qui cesse d'être avantageuse aussitôt qu'elle est mal conduite ; un vin mal préparé ne se conserve pas, et, comme l'écrit M. de Saporta, on n'évitera les déboires qu'en opérant régulièrement ; on y réussira en prenant pour guide _la Physique et la Chimie viticoles._

P.-P. DEHÉRAIN,
de l'Académie des sciences.

TABLE DES MATIÈRES

(1 vol., 250 p., 70 fig.)
Cartonnage toile anglaise.
PRIX : **5** francs.

P. TRUCHOT
Ingénieur-chimiste.

L'Éclairage
à incandescence
par le gaz et les liquides gazéifiés

Rien n'avait été écrit jusqu'à ce jour relativement aux progrès réalisés durant ces dernières années par l'éclairage à incandescence. L'ouvrage de M. P. Truchot comble cette lacune en abordant la question au double point de vue théorique et pratique. Il est essentiel, en effet, de ne pas séparer l'interprétation des phénomènes de leurs applications, surtout lorsqu'il s'agit de faits récents qui, dans l'espèce, sont les industries nées de l'exploitation des terres rares. La vive concurrence suscitée par l'apparition des procédés d'éclairage intensifs : Électricité, Manchons à base d'oxydes rares, acétylène, place cet ouvrage au premier rang des actualités de la Science appliquée. — L'industriel, le technicien et, en général, tous ceux dont les travaux apportent une contribution nouvelle aux perfectionnements de l'éclairage moderne, trouveront dans ce livre les documents les plus précieux, comme on peut s'en rendre compte en parcourant la table des matières ci-dessous résumée.

On sait que la question de l'éclairage a pris un essor considérable depuis quelques années ; aussi le volume de M. Truchot peut-il rendre service à beaucoup de personnes en mettant sous les yeux une foule de renseignements qui sont généralement disséminés dans des publications spéciales.

(Journal des Usines à gaz).

TABLE DES MATIÈRES

— Procédés anciens Frankeinstein, Robert Werner, Galafer et Villy, Lumière Drummond, Chalumeaux, Becs, Sellon, Clamond. — Procédés modernes : — Auer Von Welsbach, Otto-Fehnenjehlm, Ludwig Haitinger, Barrière.

CHAP. III. — MINÉRAUX EMPLOYÉS DANS LA FABRICATION DES MANCHONS INCANDESCENTS : Cérite. — Gadolinite. — Thorite. — Monazite et sables monazités. — Xénotime. — Zircon.

CHAP. IV. — LES CORPS INCANDESCENTS : 1° Corps incandescents à base de métaux et d'alliages métalliques. 2° Corps incandescents à base d'oxydes réfractaires. — 1re classe : Corps incandescents obtenus par moulage. — 2e classe : Corps incandescents obtenus par imprégnation de tissus de fibres organiques. — 3e classe : Corps incandescents obtenus par filage. — Pouvoir éclairant des manchons incandescents. — Coloration de la lumière émise par les manchons.

CHAP. V. — DESCRIPTION DES DIVERS BRULEURS MODERNES A INCANDESCENCE. — Incandescence par le gaz de houille, le gaz d'eau, etc. — Description et propriétés d'un brûleur Bunsen. — Bunsen Lecomte. — Brûleurs et becs ordinaires. — 1re classe : Brûleurs utilisant le bec rond. — 2e classe : Brûleurs utilisant le bec papillon. — 3e classe : Becs intensifs. — Théorie des becs intensifs. — Brûleurs Bandsept. — Bunsen à gaz chaud Bandsept. — Brûleurs Denayrouse. — Brûleur Lecomte. — Brûleur Saint-Paul. — Éclairage à incandescence par le gaz.

CHAP. VI. — RÉGULATEURS DE PRESSION. — RHÉOMÈTRES. — MANOMÈTRES.

CHAP. VII. — ALLUMAGE DES BECS A INCANDESCENCE.

CHAP. VIII. — INCANDESCENCE PAR LE PÉTROLE ET L'ESSENCE DE PÉTROLE.

CHAP. IX. — INCANDESCENCE PAR L'ALCOOL ET PAR L'ACÉTYLÈNE.

CHAP. X. — APPLICATIONS DE L'ÉCLAIRAGE A INCANDESCENCE PAR LE GAZ ET LES LIQUIDES GAZÉIFIÉS.

CHAP. XI. — CONSIDÉRATIONS ÉCONOMIQUES.

CHAP. XII. — BREVETS FRANÇAIS CONCERNANT L'ÉCLAIRAGE A INCANDESCENCE PAR LE GAZ ET LES LIQUIDES GAZÉIFIÉS.

(1 vol., 315 p., 6 fig.)
Cartonnage toile anglaise.
Prix : **5** francs.

P. TRUCHOT
Ingénieur chimiste.

Les Terres rares
Minéralogie, Propriétés, Analyse

Cet ouvrage fixe le détail des connaissances physiques et chimiques que l'on possède actuellement sur les métaux des terres rares. Leurs applications à l'éclairage et le grand nombre de documents qu'elles fournissent à l'analyse en font un sujet d'une puissante actualité scientifique.

En résumé, cet ouvrage est utile aux chimistes et à tous ceux qu'intéressent les découvertes récentes et les travaux remarquables de MM. Delafontaine, Etard, Lebeau, Langfeld, Moissan, Urbain, etc., sur ce point de la chimie moderne où se spécialisent chaque jour de nouvelles et fécondes industries.

« Voici un livre qui paraît à son heure et qui sera lu certainement avec un vif intérêt par toutes les personnes qui suivent attentivement les progrès de l'éclairage à incandescence, et qui désirent se rendre compte des avantages qu'on peut en retirer. Il n'existait encore en France ni à l'étranger, aucun ouvrage complet écrit sur cette matière dont l'actualité, pourtant si manifeste, mérite d'exciter sérieusement l'activité des inventeurs et des praticiens. Les seuls renseignements qu'on possédait étaient épars dans des mémoires lus devant des Sociétés techniques, ou dans des articles de journaux et — disons-le — surtout des journaux allemands ou anglais. Nous constatons avec satisfaction que le premier livre écrit sur l'incandescence et les terres rares qui en sont la base est l'œuvre d'un Français qui a su, dans ce domaine spécial, se faire une notoriété incontestable. »

(Le Gaz, 15 mai 1899).

TABLE DES MATIÈRES

III. — MÉTAUX TRIATOMIQUES: Groupe cérique. — *Cérium* : Historique. — Etat naturel. — Sels céreux. — Sels à radicaux halogénés. — Sels à radicaux oxygénés. — Sels cériques. — Sels céreux à radicaux organiques. — *Lanthane* : Historique. — Etat naturel. — Sels à radicaux halogénés. — Sels à radicaux oxygénés. — Sels à radicaux organiques. — *Didyme* (ancien) : Historique. — Néodyme. — Praséodyme. — Sels à radicaux halogénés. — Sels à radicaux oxygénés. — Sels à radicaux organiques. — *Samarium* : Historique. — Etat naturel. — Propriétés. — Sels à radicaux halogénés. — Sels à radicaux oxygénés. — Sels à radicaux organiques. — *Decipium* : Historique. — Etat naturel. — *Gadolinium* : Historique. — Etat naturel. — Groupe Yttrique. — *Yttrium* : Historique. — Etat naturel. — Propriétés. — Sels à radicaux halogénés. — Sels à radicaux oxygénés. — Sels à radicaux organiques. — *Terbium* : Historique. — Etat naturel. — Propriétés. — *Erbium* : Historique. — Etat naturel. — Propriétés. — Sels à radicaux oxygénés. — Sels à radicaux organiques. — *Ytterbium* : Historique. — Etat naturel. — *Scandium* : Historique. — Etat naturel. — Propriétés. — Sels à radicaux halogénés. — Sels à radicaux oxygénés. — Sels à radicaux organiques. — *Thulium* : Historique. — Etat naturel. — Propriétés. — *Holmium* : Historique. — Etat naturel. — Propriétés. — *Dysprosium* : Historique. — Etat naturel. — Propriétés. — *Philippium* : Historique. — Etat naturel. — Propriétés. — Sels à radicaux oxygénés. — *Métal Σ* : Historique. — Etat naturel. — Propriétés. — *Lucium* : Historique. Etat naturel. — Propriétés.

IV. — MÉTAUX TÉTRATOMIQUES : *Zirconium* : Historique. — Etat naturel. — Propriétés. — Sels à radicaux halogénés. — Sels à radicaux oxygénés. — Sels à radicaux organiques. — *Thorium* : Historique. — Etat naturel. — Propriétés. — Sels à radicaux halogénés. — Sels à radicaux oxygénés. — Sels à radicaux organiques. — *Germanium* : Historique. — Etat naturel. — Propriétés. — Sels à radicaux halogénés. — Sels à radicaux oxygénés. — Sels à radicaux organiques.

TROISIÈME PARTIE. — Analyse.

I. — ANALYSE SPECTRALE. MODE OPÉRATOIRE : Spectres d'étincelle et spectres d'absorption. — Observation et identification des spectres. — Bibliographie spectroscopique. — Longueurs d'onde des raies du spectre solaire. — *Spectres d'étincelle* : 1° *Groupe thorique* : Thorium. — Zirconium. — 2° *Groupe cérique* : Cérium. — Lanthane. — Dydime. — Samarium. — 3° *Groupe yttrique* : Yttrium. — Erbium. — Ytterbium. — Thulium. — Scandium. — Gadolinium. — Spectres d'absorption. — Didyme (ancien). — Néodyme. — Praséodyme. — Samarium. — Erbium. — Holmium. — Dysprosium. — Thulium.

II. — MÉTHODE DE FRACTIONNEMENT DES TERRES RARES. — GÉNÉRALITÉS : Traitement de la cérite. — Procédé Marignac. — Procédé Mosander. — Procédé Debray. — Procédé Auer von Welsbach. — Procédé Schultzenberger. — Procédé de Wyronboff et Verneuil. — Procédés Berzélius, Bunsen, Czudnowicz. — Procédés Mosander, Brauner, Popp. — *Traitement de la gadolinite* : Procédé Auer von Welsbach. — *Traitement de l'orthite* : Procédé Bettendorff. — *Traitement des sables monazités* : Procédé Schutzenberger et Bondouard. — Méthode Drossbach. — Procédé Dennis et Chamot. — Méthode Lecoq de Boisbaudran. — Bibliographie des méthodes de fonctionnement.

III. — RÉACTION CARACTÉRISTIQUE DES SELS : Glucinium. — Zirconium. — Thorium. — Germanium. — Cérium. — Lanthane. — Didyme. — Scandium. — Yttrium.

IV. — Dosage et séparation du glucinium. — Dosage et séparation du zirconium. — Dosage et séparation du thorium. — Dosage et séparation du germanium. — Dosage et séparation du cérium. — Dosage et séparation du lanthane. — Dosage et séparation du didyme. — Dosage et séparation de l'yttrium.

V. — ANALYSES SPÉCIALES : Analyse des sables monazités. — Analyse des nitrates de thorium commerciaux. — Méthode Drossbach. — Méthode de l'oxyde de thorium, dans les sables monazités. — Méthode Dennis. — Méthode Glauser.

42 Georges CARRÉ et C. NAUD, Éditeurs, 3, rue Racine, Paris.

Dr Georges TREILLE

Ancien professeur d'hygiène navale et de pathologie exotique
aux Écoles de plein exercice de la Marine,
Inspecteur général en retraite du Service de Santé
des colonies.

(1 vol., 270 p.).
Cart. toile anglaise.
PRIX : **5** francs.

Principes d'Hygiène coloniale

EXTRAIT DE LA PRÉFACE

En écrivant les *Principes d'hygiène coloniale*, l'auteur a eu surtout en vue de tracer les règles générales qui paraissent les plus propres à faciliter aux Européens leur établissement dans les pays chauds.

Ce livre s'adresse donc plus particulièrement à ceux qui veulent connaître les conditions physiques de cet établissement et par là se faire une opinion qui leur serve de guide dans l'appréciation des entreprises coloniales auxquelles ils désirent se livrer.

Mais il s'adresse encore à ceux qui, sans participer personnellement à ces entreprises, entendent exercer leurs droits de citoyens à l'égard de la chose publique, et en s'inspirant de l'intérêt national, peser de leur influence sur la direction des affaires coloniales. Car l'expansion de l'Europe dans les pays tropicaux, à laquelle la France a pris une part si étendue, impose à chacun de nous des devoirs nouveaux à remplir.

Chacun, en effet, pour une part quelconque et si minime soit-elle, est intéressé aujourd'hui à suivre, à contrôler la politique coloniale, et doit puiser les principes directeurs, de son jugement à toutes les sources utiles.

Encore que l'Hygiène ait, dans ces dernières années, conquis une large influence dans la sociologie européenne en raison des services qu'elle a rendus et qu'elle est appelée à rendre de plus en plus à la masse des populations, il ne serait pas tout à fait exact de mesurer à ce progrès la part d'influence qui doit revenir à l'Hygiène tropicale dans la sociologie coloniale.

Ici, le rôle de l'Hygiène, — Science générale, Science de tous, — doit être mis en place éminente, car, sans elle, rien de durable ne peut être fondé dans les colonies.

Sans l'Hygiène pratiquée dans la vie privée comme dans l'administration publique, étendue aux personnes comme aux choses dans tout ce qui concerne l'individu aussi bien que le groupement collectif, nulle sécurité sous les tropiques.

La santé de l'Européen dans ces régions est exposée à tant d'aléas, que la sûreté des capitaux engagés dans les entreprises dont il a la charge en est elle-même incertaine. Qu'un chef de maison de commerce, qu'un chef d'exploitation agricole, entre les mains desquels reposent des intérêts primordiaux, vienne à tomber gravement malade ou à disparaître brusquement, ce peut être la ruine; c'est, à coup sûr, un trouble sérieux dans la marche des affaires. Il faut donc que l'Européen qui se fixe dans les pays chauds s'instruise des risques qu'il est exposé à y courir, et qu'en toute connaissance de leurs causes il s'entoure des moyens les plus propres à s'en garantir.

Le personnel que nos colonies tropicales attendent, — le personnel vivifiant par excellence, — c'est le négociant, l'industriel, l'agriculteur. Mais à quelque point de vue qu'on se place, l'établissement de l'Européen aux pays chauds, surtout dans le territoire de l'Afrique intertropicale, ne peut avoir des chances de succès que dans des conditions déterminées.

Ce livre a précisément pour but l'étude de ces conditions. Je me suis inspiré, pour le faire, d'abord d'une expérience personnelle déjà longue et que j'ai acquise en visitant les colonies d'Asie, d'Afrique et d'Amérique à diverses époques de ma carrière; et aussi de l'enseignement de la pathologie et de l'hygiène tropicales que j'ai pratiqué comme professeur aux anciennes écoles de plein exercice de la marine.

TABLE DES MATIÈRES

(1 vol., 272 p., 15 fig.)
Cartonnage toile anglaise.
Prix : **5** francs.

Commandant VALLIER

L'Artillerie

Matériel — Organisation

France, Allemagne, Angleterre, Autriche-Hongrie, Italie, Espagne, Russie, Turquie, États-Unis, Japon, etc.

Le livre du commandant Vallier est la mise au point documentée et précise de l'état actuel de l'Artillerie des puissances européennes. Les États-Unis et le Japon figurent également dans cette étude, tant à cause des événements militaires récents qui ont révélé les armements de ces puissances, que du rôle actif qu'elles se préparent à jouer dans les règlements qui sont à l'ordre du jour des chancelleries. La partie principale du volume est entièrement consacrée à l'examen critique de l'Artillerie des diverses puissances, que renforcent de nombreux tableaux comparatifs. Les figures, toutes inédites, mettent sous les yeux du lecteur des documents entièrement nouveaux. Ce livre n'est pas un inventaire des progrès de l'Artillerie, ce n'est pas davantage une thèse sur ce qu'elle devrait être ; — c'est exactement un état de ce qu'elle est. A ce titre, il s'adresse à tous ceux qui s'intéressent aux graves questions de la défense nationale. Le texte, que n'encombre pas une terminologie fatigante, est d'une lecture aisée pour tous, et nous croyons que nulle part encore on a présenté sous une forme aussi attachante une question d'un intérêt général aussi puissant.

(*Revue du Cercle militaire*, janvier 1899).

L'auteur consacre un quart environ du volume à des généralités sur la bouche à feu, la poudre, le projectile, l'affût. Cela fait, il traite en détail de l'organisation actuelle, au point de vue tant du personnel que du matériel, de l'Artillerie de chacune des puissances : France, Allemagne, Angleterre, Autriche-Hongrie, Italie, Russie, Belgique, Danemark, Suède et Norvège, Espagne, Hollande, Portugal, Suisse, Bulgarie, Roumanie, Serbie, Grèce, Turquie, États-Unis, Japon.

Bien que le livre ne renferme aucune indiscrétion sur les mystérieux canons en cours de fabrication de divers côtés, il peut être considéré comme un inventaire de l'état des artilleries à la fin du XIXᵉ siècle.

TABLE DES MATIÈRES

TABLE ALPHABÉTIQUE

48 *Georges CARRÉ et C. NAUD, Éditeurs, 3, rue Racine, Paris.*

SCIENTIA

Exposé et Développement des Questions scientifiques
à l'ordre du jour.

RECUEIL PUBLIÉ SOUS LA DIRECTION
de MM.

APPELL, CORNU, D'ARSONVAL, LIPPMANN, MOISSAN, POINCARÉ, POTIER,
Membres de l'Institut,

HALLER, Professeur à la Faculté des Sciences de Paris,

POUR LA PARTIE PHYSICO-MATHÉMATIQUE

ET SOUS LA DIRECTION
de MM.

BALBIANI, Professeur au Collège de France,

D'ARSONVAL, FILHOL, FOUQUÉ, GAUDRY, GUIGNARD, MAREL, MILNE-EDWARDS,

Membres de l'Institut,

POUR LA PARTIE BIOLOGIQUE

Chaque fascicule comprend de 80 à 100 pages in-8° écu, avec cartonnage spécial.

Prix du fascicule : 2 francs.

On peut souscrire à une série de 6 fascicules (*Série Physico-mathématique*
ou *Série Biologique*) au prix de **10 francs.**

Fascicules parus.

Série Biologique.	Série Physico-Mathématique.
ARTHUS (M.). *La coagulation du sang.*	APPELL. (P.). *Les mouvements de roulement en dynamique.*
BARD (L.). *La spécificité cellulaire.*	
BORDIER (H.). *Les actions moléculaires dans l'organisme.*	COTTON (A.). *Le phénomène de Zeeman.*
COURTADE. *L'irritabilité dans la série animale.*	FREUNDLER (P.). *La stéréochimie.*
FRENKEL (H.). *Les fonctions rénales.*	MAURAIN (CH.). *Le magnétisme du fer.*
LE DANTEC (F.). *La Sexualité.*	
MARTEL (A.). *Spéléologie.*	POINCARÉ (H.). *La théorie de Maxwell et les oscillations hertziennes.*
MAZÉ (P.). *Évolution du carbone et de l'azote.*	WALLERANT. *Groupements cristallins.*

Paris. — Imp. E. CAPIOMONT et Cⁱᵉ, rue de Seine, 57.

9 782013 481083